Edna Ribeiro

Efeitos de baixa dose de Bisfenol A em células humanas primárias e cancerígenas

Edna Ribeiro

Efeitos de baixa dose de Bisfenol A em células humanas primárias e cancerígenas

ScienciaScripts

Cover image: www.ingimage.com

This book is a translation from the original published under ISBN 978-3-659-82776-1.

Publisher:
Sciencia Scripts
is a trademark of
Dodo Books Indian Ocean Ltd. and OmniScriptum S.R.L publishing group

120 High Road, East Finchley, London, N2 9ED, United Kingdom
Str. Armeneasca 28/1, office 1, Chisinau MD-2012, Republic of Moldova, Europe
Printed at: see last page
ISBN: 978-620-8-35835-8

"Nada na vida é para ser temido, é apenas para ser compreendido"
Marie Curie

Agradecimentos

Não posso deixar de reconhecer todos aqueles que tornaram este trabalho possível, quer por estarem presentes no dia a dia, quer por viverem no meu coração.

Gratidão ...

Às minhas orientadoras, Margarida Delgado e Prof.ª Wanda Viegas, pelo apoio, dedicação, empenho, paciência, sabedoria e acima de tudo pela amizade ao longo destes anos. Foi uma honra e um grande prazer trabalhar convosco.

À minha família, mãe e pai (Lina e Álvaro), por serem o meu farol nos dias de tempestade e o meu raio de sol sobre o arco-íris... Por tudo o que sou. Tankjou.

Aos meus amigos que me acompanharam nesta jornada, me apoiaram, me incentivaram e acima de tudo comemoraram ao meu lado todas as vitórias! Amo-vos!

À minha filha, Maria Catarina, que nasceu, deu os primeiros passos e recitou as primeiras palavras durante este percurso. A ela que me mostrou um amor incondicional! Tu fazes o meu mundo mais doce meu amor! Isto é para ti.

À FCT (Fundação para a Ciência e Tecnologia) pelo financiamento PTDC/AAC- AMB/103968/2008 e PEst-OE/AGR/UI0240/2011.

Prefácio

O bisfenol A (BPA) é um dos maiores desreguladores endócrinos produzidos em todo o mundo, utilizado numa grande variedade de produtos de consumo, incluindo recipientes para alimentos e bebidas. A exposição humana ao BPA através da ingestão oral é considerada generalizada, pelo menos nos países desenvolvidos. No entanto, os níveis de exposição interna ao BPA e os seus potenciais resultados nocivos para a saúde humana são ainda controversos. A investigação exaustiva em linhas celulares humanas, em particular de tecidos sensíveis às hormonas sexuais, mostra que o BPA pode promover respostas celulares muito distintas através das vias de sinalização dos receptores de estrogénio. Embora o BPA seja absorvido no intestino e entre na circulação sanguínea, os seus efeitos nas células dos sistemas digestivo e vascular são largamente desconhecidos.

Por conseguinte, foram utilizados dois tipos de células distintos: Células endoteliais da veia umbilical humana (HUVEC), um modelo *in vitro* de células vasculares, e a linha celular humana HT29, originária de uma adenocarcinona do cólon, o tipo mais comum de cancro gastrointestinal, foram utilizadas para avaliar os efeitos da exposição a "doses baixas" de BPA. Foram selecionadas duas concentrações de BPA (44 nM e 4,4 μM), relevantes no contexto da avaliação de riscos, para avaliar a proliferação e viabilidade celular, a capacidade aneugénica, a organização nucleolar e a transcrição de genes em ambos os tipos de células. Tendo em conta que diversos estudos epidemiológicos correlacionam os níveis circulantes de BPA com doenças vasculares relacionadas com a idade, foram utilizadas HUVEC para avaliar os efeitos da exposição prolongada ao BPA em células envelhecidas. Além disso, existem algumas evidências de que a ação de fármacos quimioterapêuticos pode ser antagonizada pelo BPA. Assim, este trabalho teve também como objetivo avaliar, em células HT29, as potenciais interações do BPA com a Doxorrubicina (DOX), vulgarmente utilizada na quimioterapia, bem como com o extrato de *Eupatorium cannabinum L.*, uma planta utilizada na medicina alternativa para o tratamento de várias patologias, incluindo o cancro.

Índice

Introdução

O bisfenol A (BPA), 2,2-bis(4-hidroxifenil) propano, é um composto orgânico e um dos produtos químicos industriais de maior volume utilizados no mundo, com uma produção de 4,6 milhões de toneladas em 2012 (MRC 2014). O BPA foi sintetizado pela primeira vez por A. P. Dianin em 1891 e as suas propriedades estrogénicas foram postas em hipótese na procura de estrogénios sintéticos na década de 1930, mas o BPA foi abandonado para uso farmacêutico quando se descobriu que o dietilestilbestrol (DES) era mais eficaz (Vandenberg et al. 2009). Desde 1940, o BPA tem sido amplamente utilizado na produção de uma variedade de polímeros, como plásticos de policarbonato e resinas epóxi e, portanto, empregado na fabricação de uma variedade de aplicações internas e produtos de consumo (Geens et al. 2011). Nos anos 60, surgiram vários estudos centrados na hipersensibilidade e no metabolismo do BPA em diferentes sistemas-modelo (Fregert e Rorsman 1962; Gaul 1960; Knaak e Sullivan 1966) e, desde então, tem sido efectuada uma extensa investigação sobre os efeitos deste produto químico desregulador endócrino (EDC) tanto em animais como em seres humanos (revisto em (Rochester 2013; Vandenberg et al. 2009). É importante salientar que, em 1993, Krishnan e colaboradores descobriram acidentalmente que o BPA lixivia dos frascos de policarbonato autoclavados e mostraram pela primeira vez o seu efeito positivo na taxa de proliferação da linha celular humana MCF-7 (Krishnan et al. 1993). Em 2001, o relatório do Programa Nacional de Toxicologia dos Estados Unidos sobre a revisão por pares de doses baixas de desreguladores endócrinos reconheceu que existiam provas credíveis, mas não conclusivas, de que doses baixas de BPA podem causar efeitos em parâmetros específicos (NTP 2001). Desde 2006, a Autoridade Europeia para a Segurança dos Alimentos (EFSA) efectuou várias avaliações científicas sobre o BPA, concluindo repetidamente que não existe qualquer preocupação para a saúde humana (EFSA 2014). No entanto, em 2011, a legislação europeia proibiu a utilização de BPA no fabrico de biberões (European 2011) e, em 2012, a EFSA decidiu realizar uma nova avaliação de risco do BPA, que está atualmente em curso (EFSA 2014).

1.1 Exposição humana e biomonitorização

A exposição humana ambiental ao BPA é considerada um fenómeno generalizado, pelo menos nos países desenvolvidos, uma vez que a análise de amostras de tecidos e fluidos revela a presença de BPA na maioria dos indivíduos analisados (Geens et al. 2012). Estima-se que a ingestão de alimentos contaminados contribua com mais de 90% para a exposição ambiental global ao BPA para todos os grupos etários e um estudo de intervenção recente mostrou que a remoção de alimentos embalados da dieta resulta numa redução significativa dos níveis de BPA na urina (Rudel et al. 2011). As fontes não dietéticas, como o ar ou o contacto, são geralmente consideradas significativas apenas para os indivíduos ocupacionalmente expostos (Geens et al. 2012). Em 2004, a legislação europeia estabeleceu o limite de migração específica (LME) para o BPA em materiais e artigos de plástico destinados a entrar em contacto com os alimentos em 0,6 mg/kg de alimento (European 2011). Este valor do LME baseou-se num corpo médio de um adulto de 60 kg, no consumo de 1 kg de alimentos e numa ingestão diária admissível (IDT) de 0,01 mg/kg de peso corporal (CE 2002). Embora o valor da DDA tenha sido posteriormente aumentado para 0,05 mg/kg de peso corporal devido à eliminação de um fator de incerteza de 5 relativo à reprodução e ao desenvolvimento (EFSA 2006, 2010), o valor do LME não foi alterado. A DDA real para o BPA foi obtida a partir de um estudo exaustivo sobre a regeneração de árvores em ratos com um nível de efeitos adversos não observáveis (NOAEL) de 5 mg/kg de peso corporal/dia e a aplicação de um fator de incerteza de 100 (10 para diferenças entre espécies, 10 para diferenças interindividuais) (Tyl et al. 2002). Este valor corresponde também à dose oral de referência (DAR) de BPA estabelecida pela Agência de Proteção do Ambiente dos EUA (EPA) (EPA 1993) com base num estudo de toxicidade crónica em ratos relativo ao peso corporal médio com um nível mais baixo de efeitos adversos observáveis (LOAEL) de 50 mg/kg de peso corporal/dia, considerando um fator de incerteza de 1000 (10 para diferenças entre espécies, 10 para diferenças interindividuais e 10 para a incerteza da duração dos efeitos tóxicos) (NTP 1982).A exposição humana ao BPA foi estimada por medição direta em amostras biológicas humanas ou a partir de estudos dietéticos em que foram medidas as concentrações em alimentos e bebidas e a exposição agregada derivou de dados de consumo de alimentos e água (revisto em (Sekizawa 2008). Nos últimos anos, as concentrações urinárias de BPA total (livre e conjugado) têm sido avaliadas com o objetivo de avaliar a exposição ao BPA como matriz de escolha para estudos de biomonitorização (Calafat et al. 2008; Vandenberg et al. 2010). O mais recente estudo mundial de biomonitorização baseado em dados de concentrações urinárias de BPA estimou a exposição humana em 0,27 μg/kg de peso corporal/dia para a população em geral, 0,78 gg/kg de peso corporal/dia para crianças e 0,45-1,61 gg/kg de peso corporal/dia para bebés (OMS 2010). Além disso, o painel científico da EFSA sobre "aditivos alimentares, aromatizantes, auxiliares tecnológicos e materiais em contacto com os alimentos" assumiu cenários mais conservadores e estimou que a exposição humana ao BPA é, em média, de 1,5 µg/kg de peso corporal/dia (EFSA 2006). Estes resultados correspondem a aproximadamente 100 a 10 vezes menos do que a DDA. Assim, os dados de excreção urinária também estimam a ingestão diária de BPA em níveis consideravelmente mais baixos do que a TDI. A análise dos dados de excreção urinária do inquérito à população dos EUA NHANES 2005-2006 resultou em níveis de ingestão medianos de 0,032-0,036 gg/kg de peso corporal/dia com um nível superior de 0,255 gg/kg de peso corporal/dia (Lakind e Naiman 2010). Também foram obtidos valores idênticos através da compilação de estudos independentes distintos (Geens et al. 2012). No entanto, estes valores ainda são controversos, uma vez que os dados de biomonitorização de amostras humanas não urinárias apontam para uma maior exposição humana ao BPA. Foram medidas concentrações consideravelmente elevadas de BPA em amostras de placenta humana, bem como no soro fetal, o que indica que a placenta não funciona como uma barreira ao BPA e, por conseguinte, que os fetos humanos em desenvolvimento estão cronicamente expostos ao BPA (Schonfelder et al. 2002). Por conseguinte, foram também descritas várias inconsistências entre os níveis de ingestão estimados e os estudos de biomonitorização efectuados em amostras de sangue/soro humano. Esses estudos demonstram que a ingestão diária de BPA a longo prazo leva a uma presença em estado estacionário de BPA não metabolizado na faixa de 0,53 ng/ml (2-13 nM) (Vandenberg et al. 2007; Vandenberg et al. 2010), que é cerca de 10 vezes maior do que as previsões do pior caso para a exposição humana diária ao BPA (Völkel et al. 2002). Além disso, estudos de modelos baseados em fisiologia estimam que, para humanos adultos, esses níveis de BPA não metabolizado no sangue exigiriam dosagens consideravelmente mais altas do que a TDI (Edginton e Ritter 2009; Mielke e Gundert-Remy 2009). Em geral, isto sugere que a ingestão de BPA é mais elevada do que o estimado ou que este químico se bioacumula no corpo.

Por outro lado, nos últimos anos, estudos epidemiológicos estabeleceram correlações positivas entre as concentrações de BPA na urina ou no sangue e a prevalência de doenças humanas recorrentes. Estas incluem perturbações das hormonas da tiroide (Wang et al. 2013); disfunções reprodutivas (Ehrlich et al. 2012; Li et al. 2011), diabetes mellitus tipo 2 (Silver et al. 2011), obesidade (Trasande et al., 2012) e patogénese de doenças relacionadas com a idade, como a aterosclerose coronária e carotídea (Lind e Lind 2011; Melzer et al. 2010; Melzer et al. 2012). Além disso, a exposição ao BPA no início da vida tem sido associada ao desenvolvimento da aprendizagem na infância e a problemas de comportamento (Hong et al. 2013), bem como a perturbações neuropsiquiátricas, incluindo a depressão (Harley et al. 2013).

1.2 Metabolismo e toxicocinética

O metabolismo e a toxicocinética do BPA foram estudados em roedores (Doerge et al. 2010a, 2011), primatas não humanos (Doerge et al. 2010b; Doerge et al. 2011) e seres humanos (Völkel et al. 2002; Völkel et al. 2005). Após a ingestão, o BPA é absorvido pelo trato gastrointestinal e sofre um rápido metabolismo de fase II no intestino e no fígado. O BPA é extensivamente conjugado com ácido glucurónico a BPA-glucuronídeo, resultando na perda de atividade estrogénica e consequentes baixos níveis circulantes de BPA ativo (livre) (Hengstler et al. 2011). Embora a glucuronidação do BPA seja o principal modo de metabolismo de fase II tanto em roedores como em primatas, existem algumas diferenças relativamente à excreção. Nos primatas, incluindo os seres humanos, a depuração do BPA no sangue ocorre nos rins e o BPA-glucuronido representa o principal componente do BPA na urina (Fisher et al. 2011; Tominaga et al. 2006). Em roedores, pelo contrário, o BPA conjugado sofre recirculação entero-hepática e excreção fecal através da bílis (Pottenger et al. 2000). Foi sugerido que esta diferença pode resultar numa maior exposição interna em roedores devido ao tempo de eliminação mais longo e este argumento foi utilizado para manter o nível de DDA com base no NOAEL obtido em ratos, uma vez que um fator de incerteza de 100 foi considerado conservador (EFSA 2008).

No entanto, há evidências de que, independentemente da via de excreção, a biodisponibilidade do BPA é semelhante em roedores e primatas (Taylor et al. 2011; Uchida et al. 2002).

A avaliação do perfil cinético de excreção do BPA num número limitado de voluntários humanos sujeitos a uma dose oral única de BPA deuterado revelou um pico rápido e uma semi-vida terminal inferior a 6 horas (Völkel et al. 2002; Völkel et al. 2005). Estes dados foram interpretados como indicando uma eliminação rápida e completa do BPA nos seres humanos. No entanto, dados de biomonitorização em grande escala revelaram que os níveis de BPA na urina não diminuem rapidamente com o tempo de jejum, sugerindo uma eliminação mais longa do BPA (Stahlhut et al. 2009), o que também é apoiado pelo facto de, no estudo de Volkel de 2002, não ter sido detectada qualquer remoção significativa de BPA conjugado após 20 horas de exposição (Teeguarden et al. 2005). A ocorrência de desconjugação de BPA-glucuronido por β-glucuronidases em órgãos específicos e o consequente ciclo de conjugação-desconjugação foi sugerido como explicação para a excreção tardia (revisto em (Ginsberg e Rice 2009; Vandenberg et al. 2009). Além disso, as experiências de bolus oral único podem subestimar a exposição à forma bioactiva do BPA. Previa-se que as concentrações internas de BPA em estado estacionário nos seres humanos ocorressem em exposição contínua através da dieta (Mielke e Gundert-Remy 2009) e, em ratos, demonstrou-se que a biodisponibilidade do BPA para dosagens equivalentes de BPA é inferior para uma administração oral única em bolus do que em exposição contínua através dos alimentos (Sieli et al. 2011).

1.3 Mecanismos de ação como EDC

Embora a atividade estrogénica do BPA seja reconhecida há muito tempo, tem sido considerado um estrogénio fraco devido ao facto de a sua afinidade de ligação aos receptores de estrogénio clássicos α e β (ERα e ERβ) ser 10 000 e 1 000 vezes inferior à do estrogénio endógeno estradiol (E2) para ERα e ERβ, respetivamente (Routledge et al. 2000). No entanto, estudos distintos mostraram que o BPA pode promover efeitos semelhantes aos do estrogénio,

semelhantes ou mais fortes do que o E2. O BPA, numa gama de doses de 0,1-1 nM, demonstrou ser igualmente eficaz, ou mesmo mais eficaz, do que concentrações equimolares de E2 na supressão da libertação de adiponectina dos tecidos adiposos humanos (Hugo et al. 2008). Em BG-
1 células de cancro do ovário, tanto o BPA como o E2 induzem a proliferação celular ao promover a interação entre as vias de sinalização ERα e IGF-1R (Hwang et al. 2013b). A indução de vias de sinalização alternativas pelo BPA também é uma possível explicação para o paradigma dos efeitos equivalentes do E2 e do BPA. Curiosamente, o BPA liga-se ao recetor nuclear órfão recetor relacionado ao estrogênio-γ (ERR-γ) (Matsushima et al. 2007) com afinidade 80-100 vezes maior do que para ERα ou ERβ (Takayanagi et al. 2006; Thomas e Dong 2006). Também foi sugerida a ativação de variantes de ERs ligadas à membrana, particularmente ERα, que atuam fora do núcleo como um possível modo de ação do BPA (revisado em (Alonso-Magdalena et al. 2012). Além disso, as respostas celulares ao BPA em baixas concentrações foram correlacionadas com o recetor de estrogénio trans-membranar acoplado à proteína G (GPR30 ou GPER) para o qual o BPA tem uma afinidade relativamente elevada correspondente a 2,8% da do E2 (Shanle e Xu 2010; Thomas e Dong 2006). O BPA induz a rápida ativação da via de sinalização ERK através do GPR30 em células de cancro da mama e fibroblastos associados ao cancro (Dong et al. 2010), resultando num aumento da proliferação e migração celular (Pupo et al. 2012). Assim, o BPA pode afetar a transcrição de genes através de receptores de estrogénio nucleares e ligados à membrana. Por outro lado, é importante notar que as respostas das hormonas e dos EDC, incluindo o BPA, seguem curvas de resposta à dose não monotónica (NMDR). No caso do BPA, foi demonstrado que as NMDR emergem em células de cultura expostas da hipófise, da próstata e do pâncreas, uma vez que doses muito baixas podem induzir efeitos significativos que não são detectáveis em concentrações mais elevadas (revisto em (Vandenberg et al. 2012).

1.4 Efeitos de doses baixas em células humanas

As concentrações de BPA (iguais ou superiores a 100 μM) são genotóxicas e resultam numa grave diminuição da proliferação e viabilidade celular (Bolli et al. 2008; Kim et al. 2007). Além disso, o BPA, numa gama de 50-200 μM, interfere diretamente com os mecanismos de divisão celular, visando a tubulina e promovendo a polimerização microtubular, o que resulta na formação de fusos multipolares em células HeLa (George et al. 2008). As propriedades genotóxicas aneugénicas do BPA, caracterizadas pela formação de micronúcleos, também foram registadas em linhas celulares linfoblastóides humanas, como a AHH-1, com uma gama de doses de 54,12-162,8 μM (Johnson e Parry 2008), bem como na MCL-5 a 22-132 μM, e ainda associadas à não-disjunção cromossómica para a gama de concentrações de 22-88 μM (Parry et al. 2002). Por outro lado, foram descritos efeitos genotóxicos semelhantes tanto para o BPA como para o E2 em células MCF-7, embora tenham sido alcançados com doses 1000 vezes mais elevadas de BPA do que a hormona natural (Iso et al. 2006). Também em células CHO-K1, o E2 induz aberrações cromossómicas e efeitos aneuploidénicos a concentrações de 250 μM e 50 μM, respetivamente, enquanto o BPA teve os mesmos efeitos a 400 μM e 500 μM (Tayama et al. 2008).

No entanto, e considerando o nível de exposição ao BPA em células humanas *in vivo*, os efeitos de "baixa dose" têm sido um ponto focal de numerosos estudos (revisto em (Sekizawa 2008; Teeguarden e Hanson-Drury 2013; Vandenberg et al. 2009; Vandenberg et al. 2012). Os efeitos de "baixa dose" do BPA foram definidos como alterações biológicas que ocorrem na faixa de concentração de exposições humanas típicas ou inferiores ao nível NOAEL esperado de 5000 μg/kg/dia, usado para estabelecer a dose de referência oral (RfD) (NTP 2001). No entanto, uma revisão recente demonstrou que a maioria dos estudos de toxicidade *in vivo* e *in vitro* foram realizados dentro da faixa de concentração de BPA de 0,1 nM a 10 μM (Teeguarden e Hanson-Drury 2013).

Os sistemas de células *in vitro* têm sido amplamente utilizados na avaliação dos efeitos de baixas doses de BPA, no entanto, a maioria dos estudos tem sido dirigida a linhas celulares de cancro humano, particularmente cancro da mama, revelando efeitos na proliferação e expressão genética (revisto em (Vandenberg et al. 2012; Wetherill et al. 2007). Foi recentemente demonstrado que o BPA tem efeitos diretos na função endotelial vascular (Andersson e Brittebo 2012) e actua como um antagonista E2 em células cancerígenas do cólon (Bolli et al. 2010). No entanto, os efeitos de níveis ambientais relevantes de BPA nas células endoteliais vasculares humanas e nas células do trato digestivo são, na sua maioria, desconhecidos, embora estes tipos de células estejam em contacto direto com o BPA *in vivo*.

1.4.1 Proliferação e viabilidade celular

Vários estudos que avaliam os efeitos de proliferação e viabilidade de baixas concentrações de BPA em culturas de células humanas revelam especificidades do tipo de célula. Enquanto alguns tipos de células apresentam uma resposta positiva ao BPA (LaPensee et al. 2009; Ptak et al. 2011; Ricupito et al. 2009), noutros não é detectado qualquer efeito mensurável (Bolli et al. 2008; Kim et al. 2007; LaPensee et al. 2009). A divergência dos resultados tem sido correlacionada com vias de sinalização distintas. Foram registados efeitos proliferativos do BPA em concentrações tão baixas como 1 nM em linhas celulares humanas ERα-positivas, como as linhas celulares de cancro da mama MCF-7 (Ricupito et al. 2009), a linha celular de tumor epitelial ductal da mama humana (T47D) (LaPensee et al. 2009) e a linha celular de carcinoma do ovário humano (OVCAR-3) (Ptak et al. 2011). Por conseguinte, foi observada uma falta de resposta ao BPA em linhas celulares ERα-negativas ERβ-positivas, tais como células HeLa de cancro do colo do útero (Bolli *et al.*, 2008) ou células MDA-MB-468 de cancro da mama (Bolli et al. 2008; LaPensee et al. 2009). No entanto, em células de neuroblastoma SK-N-SH, também ERα-negativas e ERβ-positivas, o aumento da proliferação induzido por BPA (10 μM) demonstrou ser mediado por ERβ e associado a níveis transcricionais alterados de genes relacionados com o ciclo celular (Zhu et al. 2009). Por outro lado, na linha celular de cancro testicular humano ERβ positivo e ERα negativo JKT-

1, a sinalização através do recetor GPR30 ligado à membrana resulta numa maior proliferação celular para concentrações de BPA que variam de 1 pM a 10 μM, (Bouskine et al. 2009). A proliferação celular pode ser naturalmente perturbada no processo de envelhecimento com perda da capacidade replicativa, que está associada a alterações na estrutura e fisiologia celulares (Debacq-Chainiaux et al. 2008; Hwang et al. 2009). Um fenótipo semelhante pode também ser observado após a exposição das células a doses subcitotóxicas de agentes stressantes, num processo descrito como senescência prematura induzida pelo stress (Dumont et al. 2002; Toussaint et al. 2000), caracterizado por alterações dependentes do tipo de célula nos perfis de expressão genética celular (Debacq-Chainiaux et al. 2008; Shelton et al. 1999). Um estudo recente revelou que o BPA (10-100 nM) pode aumentar a senescência em células epiteliais mamárias humanas normais (HMEC), associada à desregulação de genes reguladores do ciclo celular (Qin et al. 2012). No entanto, apesar do conhecimento de que os seres humanos estão em contacto contínuo com o BPA *in vivo*, os seus efeitos nos processos de envelhecimento celular permanecem em grande parte desconhecidos. Por outro lado, a exposição a EDCs e, em particular, ao BPA tem sido positivamente correlacionada com a diminuição da qualidade do sémen e com a infertilidade masculina, para a qual a indução da apoptose das células germinativas é considerada um fator primário (revisto em (Lagos-Cabre e Moreno 2012). A apoptose induzida por BPA também foi observada em células trofoblásticas humanas *in vitro* para uma concentração de 1 μM (Morice et al. 2011), bem como em células ovarianas de ratos *in vivo* após exposição prolongada (YH Lee et al. 2013), indicando um potencial papel negativo na função reprodutiva. Por outro lado, a exposição ao BPA resulta na inibição da apoptose na linha celular de cancro da mama humano MCF-7 para uma gama de concentrações de 10 nM - 10 μM (Diel et al. 2002), bem como em células epiteliais da mama não malignas de dadores de alto risco para uma concentração de 100 nM (Dairkee et al. 2013).

1.4.2 Efeitos transcricionais e epigenéticos

O efeito da exposição ao BPA, numa gama de concentrações de baixas doses, nos perfis globais de expressão genética foi avaliado em linhas celulares distintas, incluindo células de cancro do endométrio Ishikawa ER-positivas e ER-negativas (Boehme et al. 2009; Naciff et al. 2010), linhas de células de cancro da mama MCF-7 (Buterin et al. 2006) e T47D (Buterin et al. 2006) ou células do sangue periférico humano (PBMCs) (Wens et al. 2013). Em geral, estes estudos demonstram que o BPA afecta o padrão de transcrição de centenas de genes envolvidos em processos celulares chave, como a proliferação, a divisão e a apoptose, de uma forma dependente do tipo de célula e da concentração.

Além disso, as alterações induzidas pelo BPA nos padrões de transcrição têm sido correlacionadas com a metilação do ADN. O efeito epigenético do BPA foi demonstrado pela primeira vez em ratinhos após a exposição materna ao BPA, que resultou numa diminuição da metilação do ADN a montante do gene *Agouti*, o que foi evitado pela suplementação da dieta materna com ácido fólico (Dolinoy et al. 2007). Em células epiteliais mamárias primárias humanas, a exposição a baixas doses de BPA (4 nM) resultou numa expressão reprimida e num aumento da metilação do ADN nas ilhas CpG do gene *LAMP3* (proteína de membrana associada ao lisossoma 3) (Weng et al. 2010). Também se demonstrou que a exposição ao BPA de células epiteliais mamárias humanas normais (MCF-10F) altera os padrões de metilação do ADN de vários genes, incluindo os envolvidos na apoptose e na reparação do ADN (Fernandez et al. 2012). Embora existam provas significativas de que o BPA é capaz de influenciar os padrões de metilação do ADN, os dados disponíveis sobre os efeitos do BPA nas modificações das histonas são quase inexistentes (revisto em (Singh e Li 2012). No entanto, na linha celular de cancro da mama humano MCF-7, foi demonstrado que a exposição ao BPA aumenta a expressão da histona metiltransferase *EZH2* (enhancer of Zeste Homolog 2) e o nível global de trimetilação da histona H3 na lisina 27 (H3K27me3) (Doherty et al. 2010).

1.5 Interações do BPA

Para além dos efeitos celulares diretos induzidos pelo BPA, esta substância química também é capaz de interagir com outros compostos, incluindo hormonas estrogénicas naturais como o E2. Na linha celular de cancro da mama MCF-7, a exposição combinada ao BPA em dose baixa e ao E2 em concentração fisiológica induz a proliferação celular e diminui a apoptose (Mlynarcikova et al. 2013). Também na linha celular de cancro do cólon DLD-1, a ação pró-apoptótica do E2 é antagonizada pelo BPA através da inibição da ativação da cascata 3 (Bolli et al. 2010). Curiosamente, também foi demonstrado que o BPA em dosagens ambientais relevantes (0,01 - 10 nM) é tão eficaz como o E2 na antagonização da citotoxicidade do agente quimioterapêutico cisplantina nas células de cancro da mama T47D e MDA-MB-468 (LaPensee et al. 2010). Além disso, nas mesmas linhas de células, foram também relatadas concentrações baixas de BPA (0,1-10 nM) para antagonizar a citotoxicidade da vinblastina e da doxorrubicina (DOX), também habitualmente utilizadas na quimioterapia do cancro. De forma relevante, no caso da interação BPA/DOX, o mesmo estudo demonstrou que os efeitos antagonistas do BPA eram independentes dos receptores de estrogénio clássicos e potencialmente associados ao aumento da expressão de proteínas antiapoptóticas (LaPensee et al. 2009).Foram também demonstradas interações do BPA com compostos derivados de plantas. Alguns estudos sugeriram que alguns extractos de plantas podem antagonizar eficazmente a citotoxicidade induzida pelo BPA. Em células de hepatoma HepG2, duas combinações distintas de plantas medicinais foram capazes de antagonizar a citotoxicidade de uma mistura de Bisfenol-A/Atrazina, restaurando a viabilidade celular até 24-28% (Gasnier et al. 2011). Nos glóbulos vermelhos humanos, a hemólise induzida por BPA foi reduzida pelo extrato de chá preto ou pelo flavonoide quercetina (Verma e Sangai 2009). Também foi relatado que a genisteína, um fitoestrogénio da soja, suprime eficazmente a proliferação mediada por BPA ERα através da inibição da progressão do ciclo celular na linha celular de cancro do ovário BG-1 (Hwang et al. 2013a).

O bisfenol A, em concentrações encontradas no soro humano, induz efeitos aneugénicos nas células endoteliais

Ribeiro-Varandas E, Viegas W, H Sofia Pereira, Delgado M. 2013. O bisfenol A em concentrações encontradas no soro humano induz efeitos aneugénicos em células endoteliais. Mutation Research. 751: 27-33.

2.1 Introdução

As substâncias químicas desreguladoras do sistema endócrino (EDC) são agentes exógenos que têm a capacidade de se comportar como sinais biológicos e interferir com as hormonas estrogénicas ou imitá-las. A exposição a estes compostos pode, por conseguinte, desencadear simultaneamente e de forma diferenciada vias de sinalização específicas responsáveis pela natureza e magnitude das respostas biológicas em diversos tipos de células (Shanle e Xu 2010). O bisfenol A (BPA) é um EDC amplamente utilizado, empregue no fabrico de uma variedade de produtos de consumo, tais como plástico e resinas de policarbonato, tubos médicos, brinquedos, tubos de água e selantes dentários. O BPA foi detectado em tecidos e fluidos biológicos da maioria dos indivíduos nos países desenvolvidos, incluindo líquido amniótico, placenta, urina e sangue. Uma revisão extensa recente sobre a deteção de BPA em seres humanos indica níveis de exposição interna que variam de 0,5-10 ng/ml (Vandenberg et al. 2010).

Pensa-se que as alterações induzidas pelo BPA, tanto específicas do tecido como relacionadas com o desenvolvimento, são mediadas por receptores de estrogénio nucleares e/ou não nucleares, que por sua vez estão envolvidos em várias vias de sinalização celular (Welshons et al. 2006; Wetherill et al. 2007). A promoção da proliferação celular pelo BPA tem sido associada ao recetor nuclear de estrogénio alfa (ERα) em diferentes linhas celulares humanas (LaPensee et al. 2009; Ptak et al. 2011; Ricupito et al. 2009). Por outro lado, o recetor transmembranar de estrogénio (GPR30), que tem uma afinidade muito maior para o BPA do que o ER nuclear, tem sido implicado na resposta a doses baixas (Shanle e Xu 2010; Thomas e Dong 2006). A proliferação celular induzida pelo BPA tem sido relacionada com a ativação das vias PKA e PKG através do GPR30 (Bouskine et al. 2009). Numa publicação recente, foi também demonstrado que o BPA pode induzir a sinalização Erk1/2/c-fos através do GPR30 (Dong et al. 2010).

Significativamente, o BPA foi caracterizado como um químico aneugénico (Parry et al. 2002), e foi sugerido que interfere diretamente com os mecanismos de divisão celular (George et al. 2008). Os efeitos induzidos pelo BPA incluem aberrações na morfologia do fuso, mau funcionamento da congressão dos cromossomas na metáfase, não disjunção na anáfase e organização anormal dos microtúbulos tanto em células somáticas em cultura como em oócitos (Can et al. 2005; Lenie et al. 2008; Nakagomi et al. 2001; Pacchierotti et al. 2008; Parry et al. 2002). Além disso, a expressão de genes envolvidos em processos mitóticos também parece ser afetada pela exposição ao BPA numa variedade de linhas celulares

(Bouskine et al. 2009; Bredhult et al. 2009; Buterin et al. 2006; Naciff et al. 2010).

O objetivo do presente trabalho foi investigar os potenciais efeitos aneugénicos da exposição a baixas concentrações de BPA em dois tipos de células humanas, as células endoteliais vasculares umbilicais humanas (HUVEC) e a linha celular de adenocarcinona do cólon humano (HT29). As HUVEC são células endoteliais vasculares primárias e, por conseguinte, modelos de células que estão em contacto permanente com o BPA *in vivo*. Por outro lado, a HT29 é originária do trato digestivo, que também está diretamente exposto ao BPA, uma vez que a exposição nos seres humanos se faz geralmente por ingestão (Vandenberg et al. 2007). As concentrações de BPA utilizadas foram de 10 ng/ml, ou seja, dentro do intervalo detectado no sangue humano para a exposição ambiental (Vandenberg et al. 2010),
e 1 µg/ml dentro da faixa detectada para exposição ocupacional (He et al. 2009; Li et al. 2010). Os efeitos citotóxicos e genotóxicos do BPA foram avaliados através da análise da viabilidade celular, integridade do DNA e indução de micronúcleos. Além disso, avaliámos os efeitos do BPA nos níveis de ARNm de genes específicos relacionados com a segregação cromossómica e realizámos uma análise citológica da organização dos microtúbulos e das anomalias mitóticas.

2.2 Resultados

2.2.1 As concentrações baixas de BPA não afectam a proliferação ou a viabilidade das células, independentemente do GPR30.

Os potenciais efeitos citotóxicos e genotóxicos da exposição ao BPA foram avaliados através da análise da viabilidade e proliferação celular em células HT29 e HUVEC, utilizando duas concentrações de BPA: 10 ng/ml (44 nM) e 1 iig/ml (4,4 µM). O ensaio CellTiter-Blue foi utilizado para medir a viabilidade em três períodos de tempo; dois correspondentes a culturas não confluentes (24 h e 48 h) e um em que a cultura está a 80% de confluência (72 h) (Figura 1). Os nossos resultados não mostram diferenças significativas na viabilidade ou proliferação associadas à exposição ao BPA.

O Western immunoblotting foi utilizado para testar a expressão de GPR30 em HT29 e HUVEC nas condições de cultura utilizadas neste estudo. A expressão de ERβ foi confirmada para ambas as linhas celulares como controlos positivos, evidente como uma banda de proteína imunorreactiva específica a 55 kDa (Figura 2A). Como esperado, a expressão de GPR30 não é detectada em HUVEC (Figura 2A), de acordo com resultados anteriores que mostram que estas células expressam GPR30 exclusivamente em condições de fluxo (Takada et al. 1997). Pelo contrário, é detectada uma banda clara de proteína imunorreactiva ao GPR30 com o tamanho esperado de aproximadamente 55 kDa nas células HT29 (Figura 2A). A imunocitofluorescência mostra que a GPR30 estava restrita ao citoplasma nas células HT29 (Figura 2B), com uma distribuição idêntica à observada anteriormente nas células MDA-MB231 e HEC50 e caraterística da sua associação ao retículo endoplasmático (Otto et al. 2008).

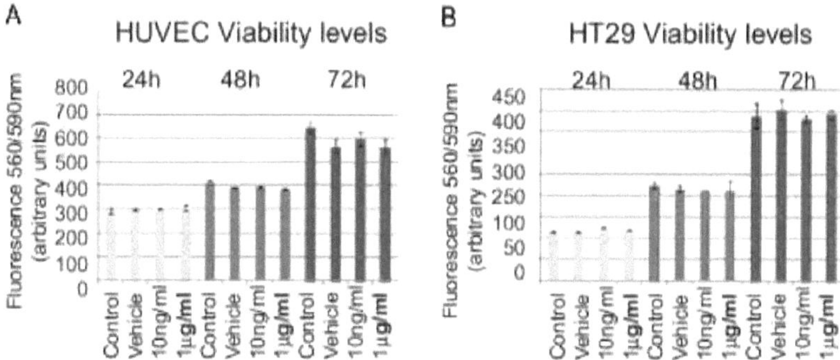

Figura 1 - O BPA não afecta a viabilidade celular. Ensaio de viabilidade das células HUVEC (**A**) e HT29 (**B**) após 24 h, 48 h e 72 h de cultura em controlo (meio de controlo), veículo (meio de controlo suplementado com 0,17 mM de etanol) e 10 ng/ml ou 1 µg/ml de BPA. Os ensaios de cultivo e viabilidade foram realizados simultaneamente para todas as condições de crescimento. Os resultados são apresentados como média ± desvio padrão para a intensidade de fluorescência a 590 nm (usando 560 nm para excitação).

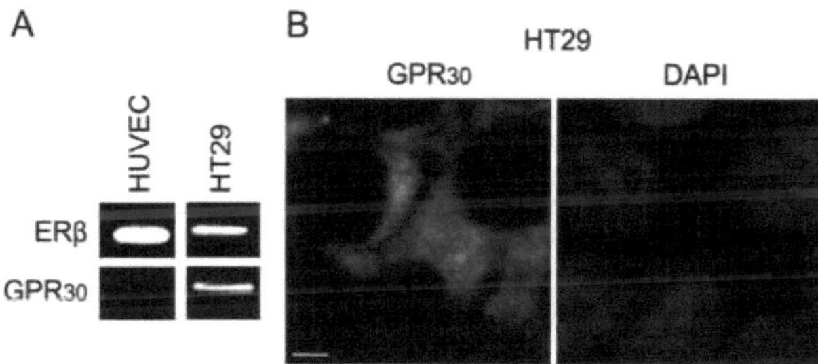

Figura 2 - O GPR30 está presente na linha celular HT29. (A) O Western immunoblot confirmou a presença do recetor de estrogénio beta (ERβ) nas linhas celulares HUVEC e HT29 (painel superior). O recetor GPR30 é detectado nas células HT29 mas não nas HUVEC (painel inferior). A deteção de ambos os receptores de estrogénio foi efectuada na mesma membrana de PVDF. (B) Imagens de imunocitofluorescência de células HT29 interfásicas representativas que mostram os sinais de distribuição do GPR30 (esquerda) e a coloração DAPI do ADN correspondente (direita), barra = 5 µm.

2.2.2 Baixas concentrações de BPA induzem a formação de micronúcleos sem afetar a integridade do ADN.

Os potenciais efeitos citotóxicos e genotóxicos da exposição ao BPA foram avaliados através da análise da integridade do ADN e da indução de micronúcleos. Os efeitos da exposição ao BPA na estabilidade do ADN e na reparação de danos foram avaliados através do ensaio TUNEL, bem como da análise da histona H3 acetilada na lisina 56 (H3K56ac). O ensaio TUNEL não detectou quebras de cadeia dupla de ADN ou células apoptóticas associadas à exposição a BPA (Figura 3A). Também não se registou qualquer variação detetável no padrão nuclear de H3K56ac, onde se observa uma distribuição dispersa por todo o núcleo e nucléolos, independentemente da linha celular ou dos tratamentos com BPA (Figura 3B). Por conseguinte, o western immunoblotting revelou uma banda idêntica de proteína imunorreactiva H3K56ac de baixa intensidade com o tamanho esperado de aproximadamente 17 kDa em todas as condições testadas (Figura 3C). Além disso, a frequência de células micronucleadas nas diferentes condições de crescimento também foi avaliada, como demonstrado na Figura 4. Os nossos resultados mostram diferenças marcantes na sensibilidade ao BPA entre as duas linhas celulares. Apesar de se observar um elevado nível de células micronucleadas em HT29 cultivadas em condições de controlo (4,45%), não se verifica qualquer alteração na percentagem destas células com micronúcleos após exposição a BPA (4,6% para 10 ng/ml; 4,4% para 1 µg/ml). Em contraste, as células HUVEC micronucleadas são significativamente menos frequentes em condições de controlo (1,1%), mas ambas as concentrações de BPA resultaram num aumento significativo da proporção de células micronucleadas (1,6% para 10 ng/ml, teste t, $p = 0{,}0045$; 2,2% para 1 µg/ml, teste t, $p = 0{,}0002$) (Figura 4).

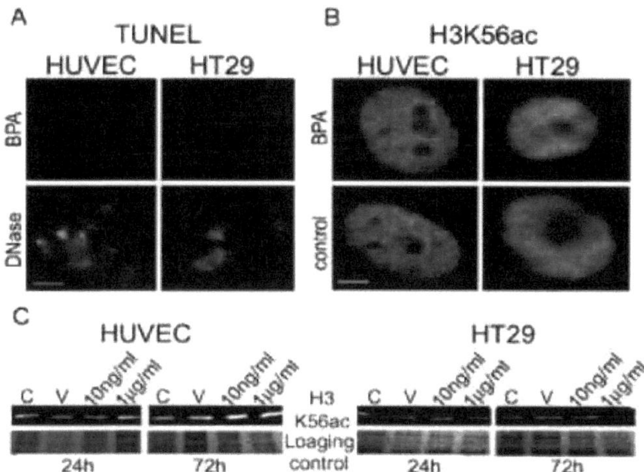

Figura 3 - O BPA não induz quebras de cadeia dupla de ADN nem altera os padrões de H3K56ac. (A) Ensaio TUNEL de células HUVEC (esquerda) e HT29 (direita). As células expostas a 1 µg/ml de BPA não mostram quebras de fita dupla de DNA detectáveis. Os controlos positivos com células tratadas com DNase são mostrados na parte inferior. (B) Células HUVEC (esquerda) e HT29 (direita) após deteção de imunocitofluorescência de H3K56ac. As células tratadas com 1 µg/ml de BPA (em cima) apresentam um padrão de interfase H3K56ac idêntico ao controlo (em baixo). Barras = 5 µm. (C) Imunoblotting com H3K56ac em células HUVEC e HT29 cultivadas por 24 he 72 h em meio de controle (C), veículo (V), 10 ng / ml ou 1 µg/ml BPA. Uma banda específica de histona idêntica correspondente a aproximadamente 17 kDa é detectada em todas as condições de crescimento. As membranas de PVDF coradas pelo reagente Ponceau S antes do immunoblotting de proteínas totais entre 40 kDa e 25 kDa são mostradas como controlos de carga.

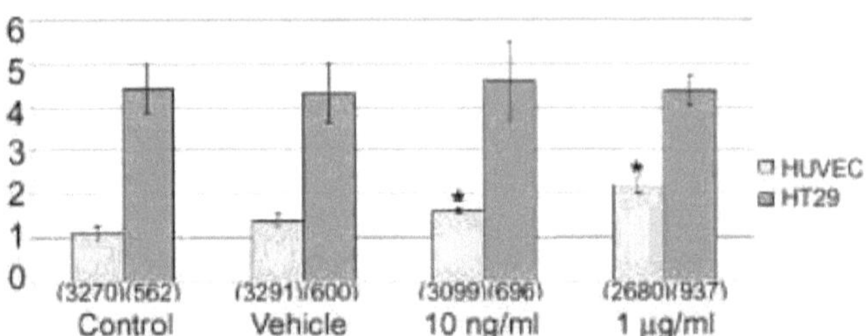

Figura 4 - O BPA induz micronúcleos em células HUVEC. Percentagem de micronúcleos em células HUVEC e HT29 após 72 h de cultura em controlo, veículo, 10 ng/ml ou 1 µg/ml de BPA. Os resultados são apresentados como média ± desvio padrão e o número total de células analisadas é mostrado entre parênteses. * uma diferença significativa em comparação com o tratamento com veículo (Teste t de Student, $p < 0,005$).

2.2.3 O BPA afecta diferencialmente os genes relacionados com a segregação cromossómica.

Neste trabalho, foi utilizada a técnica de PCR quantitativa em tempo real (qRT-PCR) para avaliar os efeitos da exposição ao BPA na expressão de genes que codificam proteínas envolvidas na segregação cromossómica, a fim de fornecer mais informações sobre o efeito diferencial de baixas concentrações de BPA na indução de micronúcleos em células HUVEC e HT29. Os valores comparativos da expressão genética entre as células expostas ao BPA em veículo e apenas em veículo (alteração média das dobras ± desvio padrão) mostram diferenças subtis mas significativas entre as doses de BPA, os tempos de exposição e os tratamentos para dois dos quatro genes analisados (Figura 5). É interessante notar que a expressão dos dois genes que codificam componentes essenciais do centrossoma (γ-tubulina e Aurora A) não varia nas células HUVEC expostas a BPA, ao contrário dos genes CDCA8 e SGOL2 que codificam proteínas que se associam diretamente aos cromossomas.

Os resultados da qRT-PCR indicam um aumento do mRNA do CDCA8 nas células HUVEC e HT29 após exposição a uma concentração elevada de BPA durante 24 h (1,477 ± 180,045 e 1,333 ± 0,042 para HUVEC e HT29, respetivamente). Após 72 h de exposição, este efeito deixou de ser observado nas HT29 e manteve-se nas HUVEC (1,577 ± 0,112). Após a exposição a baixas concentrações de BPA, a expressão de CDCA8 é alterada exclusivamente nas células HUVEC expostas ao BPA durante 72 horas (1,304 ± 0,167). A regulação positiva de SGOL2 é observada apenas nas células HUVEC expostas a concentrações elevadas de BPA, independentemente do tempo de exposição (1,431 ± 0,089 e 1,566 ± 0,116 às 24 h e 72 h, respetivamente) (Figura 5A).

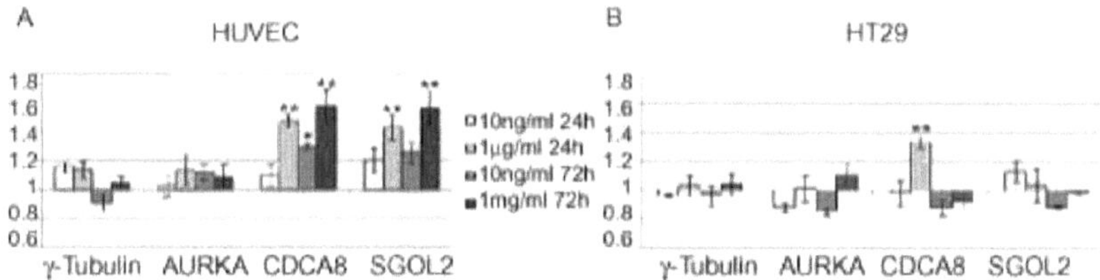

Figura 5 - Efeitos do BPA na expressão de genes envolvidos na segregação cromossómica. Representação gráfica mostrando a análise quantitativa por PCR em tempo real da transcrição dos genes γ-tubulina, AURKA, CDCA8 e SGOL2 após exposição ao BPA. As alterações de dobra ($2^{-\Delta\Delta Ct}$ ± desvio padrão) na expressão gênica após 24 h e 72 h de exposição ao BPA a 10 ng / ml ou 1 µg/ml são mostradas para (A) HUVEC e (B) HT29. O GAPDH foi utilizado como gene de referência e as diferenças significativas do Teste t de Student nas alterações médias das dobras são mostradas como **p <0,01 e *p <0,05.

2.2.4 Baixas concentrações de BPA perturbam a estabilidade e a organização mitótica em HUVEC.

Considerando que a nossa análise de micronúcleos e de qRT-PCR revelou que as células HUVEC são mais sensíveis ao BPA do que as HT29, efectuámos uma análise citológica das alterações induzidas pelo BPA na organização do citoesqueleto e na distribuição da γ-tubulina ao longo do ciclo celular nas células HUVEC.

Relativamente aos efeitos do BPA no citoesqueleto, os padrões de imunomarcação de γ- e α-tubulina nos núcleos em interfase foram idênticos entre as células de controlo, as células tratadas com veículo e as células tratadas com BPA. No entanto, foram observadas várias aberrações associadas à exposição ao BPA em células mitóticas, incluindo fusos multipolares com 1 ou 2 pólos ectópicos que envolvem a γ-tubulina, desalinhamento dos microtúbulos e ausência de estrutura do corpo médio nas células em telófase (Figura 6A). Não foi encontrada uma variação significativa entre o controlo e o veículo (teste t, p = 0,1287 para 24 h e teste t, p – 0,2166 para 72 h, respetivamente). No entanto, foram observados aumentos significativos nas anomalias mitóticas em relação ao controlo para ambas as concentrações de BPA, particularmente evidentes após 72 h de exposição (24 h: teste t, p = 0,0087 e teste t, p = 0,0064 para 10 ng/ml e 1 µg/ml, respetivamente; 72 h: teste t, p = 0,0078 e teste t, p = 0,0002 para 10 ng/ml e 1 iig/ml, respetivamente) (Figura 6B).

De forma semelhante aos resultados dos micronúcleos induzidos por BPA, os efeitos nas células mitóticas são mais graves após 72 h de exposição à concentração mais elevada de BPA (Figura 6B).

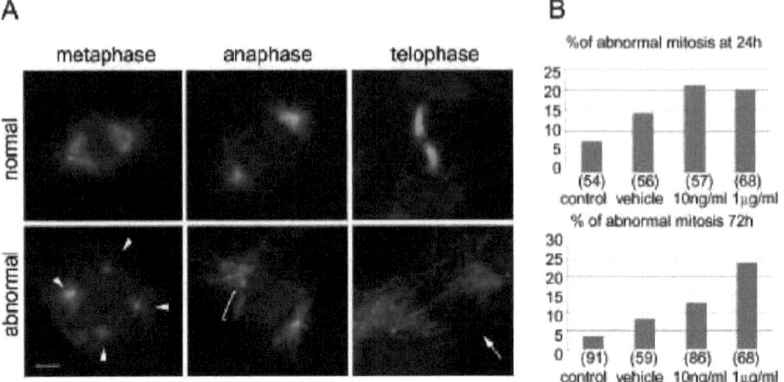

Figura 6 - O BPA interrompe a mitose nas células HUVEC. (A) Resultados de imunofluorescência de α-tubulina (verde) e γ-tubulina (vermelho) mostrando células normais em metáfase, anáfase e telófase (painéis superiores). As anomalias mitóticas induzidas por BPA de células nas mesmas fases mitóticas são mostradas nos painéis inferiores: metáfase multipolar com quatro pólos mitóticos positivos para γ-tubulina (pontas de seta), anáfase com microtúbulos desalinhados (parêntesis) e telófase sem estrutura do corpo médio dos microtúbulos (seta). Os cromossomas estão corados com DAPI (azul), barra = 5µm. (B) Percentagem de anomalias mitóticas após 24 h e 72 h de cultura em controlo, veículo, 10 ng/ml ou 1 µg/ml de BPA. O número total de células mitóticas marcadas é mostrado entre parênteses.

2.3 Discussão

Estudos anteriores demonstraram que concentrações elevadas de BPA (iguais ou superiores a 100 µM) são genotóxicas e resultaram numa diminuição da proliferação celular e da viabilidade (Bolli et al. 2008; Kim et al. 2007). No entanto, a literatura mostra que os efeitos da exposição a baixas concentrações de BPA (na gama de 1 nM a 10 µM) são variáveis. Embora não tenham sido registados efeitos detectáveis em alguns tipos de células (Bolli et al. 2008; Kim et al. 2007; LaPensee et al. 2009), foi observado um aumento da viabilidade e proliferação celular noutros (LaPensee et al. 2009; Ptak et al. 2011; Ricupito et al. 2009). Esta discrepância nos efeitos do BPA pode depender do tipo de célula e da expressão dos receptores de estrogénio, conforme discutido em pormenor abaixo.

Foram descritos efeitos positivos de concentrações de BPA tão baixas como 1 nM na proliferação celular em linhas celulares humanas positivas para o recetor de estrogénio alfa (ERα) MCF-7, T47D e OVCAR-3 (LaPensee et al. 2009; Ptak et al. 2011; Ricupito et al. 2009). De facto, a falta de resposta em HeLa e MDA-MB-46 foi correlacionada com a ausência deste recetor nestas linhas celulares humanas (Bolli et al. 2008; LaPensee et al. 2009). As células HT29 e HUVEC utilizadas neste estudo expressam ERβ mas não ERα (Campbell-Thompson et al. 2001; Toth et al. 2008), o que poderia explicar a ausência de efeitos do BPA na proliferação celular. No entanto, foi observado um aumento da proliferação na linha celular JKT-1 ERβ positiva e ERα negativa quando exposta a concentrações de BPA que variam de 1 pM a 10 μM (Bouskine et al. 2009). Este estudo mostrou que os efeitos do BPA nas células JKT1 são mediados por um recetor 30 acoplado à proteína G (GPR30). Curiosamente, este recetor de estrogénio ligado à membrana tem uma maior afinidade para o BPA do que o ERα ou o ERβ (Thomas e Dong 2006) e foi proposto como mediador dos efeitos do BPA a baixas concentrações (Bouskine et al. 2009; Shanle e Xu 2010; Thomas e Dong 2006). Em relação às células aqui utilizadas, a expressão de GPR30 não foi analisada em HT29 e só é expressa em HUVEC cultivadas em condições específicas (Takada et al. 1997). Por conseguinte, tanto quanto é do nosso conhecimento, esta é a primeira vez que a expressão do GPR30 é demonstrada na linha celular HT29. Mais importante ainda, a presença de GPR30 não resulta numa resposta positiva na proliferação celular em células HT29, em contraste com os resultados obtidos em células JKT-1 (Bouskine et al. 2009). Isto indica que, embora o GPR30 possa ter um papel na mediação das respostas à exposição ao BPA em alguns tipos de células, a sua expressão não resulta numa proliferação celular induzida em todas as células GPR30 positivas.

Além disso, os potenciais efeitos citotóxicos e genotóxicos da exposição ao BPA foram avaliados através da análise da integridade do ADN e da indução de micronúcleos. A estabilidade do ADN e a reparação de danos foram avaliadas através do ensaio TUNEL, bem como da análise da histona H3 acetilada na lisina 56 (H3K56ac), uma modificação pós-tradução da H3 recentemente descrita como crucial para a estabilidade genómica (Yuan et al. 2009), aumentando em resposta a danos e reparação do ADN (Das et al. 2009). Os resultados obtidos indicam que as concentrações de BPA utilizadas neste trabalho não afectam a integridade do ADN ou a expressão da histona H3 acetilada na lisina 56 em células HUVEC ou HT29. Por outro lado, ambas as concentrações de BPA resultaram num aumento significativo da proporção de células micronucleadas em HUVEC. A formação de micronúcleos (MT) ocorre devido a erros de segregação dos cromossomas e/ou à fragmentação dos cromossomas, sendo, por conseguinte, um ensaio relevante para a genotoxicidade. O BPA foi descrito como uma substância química genotóxica aneugénica capaz de induzir aneuploidia e resultar em micronúcleos centrómeros positivos (Kabil et al. 2008; Parry et al. 2002; Pfeiffer et al. 1997) de uma forma dependente da dose. No entanto, as concentrações para as quais os efeitos são detectáveis variam consoante o tipo de célula. Nas linhas de células humanas AHH-1 (Johnson e Parry 2008) e MCL-5 (Parry et al. 2002), a indução de micronúcleos foi observada apenas para concentrações pelo menos dez vezes superiores à concentração mais elevada utilizada neste trabalho, enquanto que para a linha de células MCF-7 foi observado um aumento significativo na proporção de células micronucleadas a uma concentração equivalente à concentração mais elevada utilizada aqui (Kabil et al. 2008). Os nossos resultados com as linhas celulares HT29 e HUVEC apoiam a variação previamente descrita na formação de micronúcleos induzida por BPA entre tipos de células. Mais importante ainda, mostramos pela primeira vez que a exposição ao BPA em baixas concentrações aumenta a proporção de micronúcleos na linha celular primária HUVEC, estabelecendo os potenciais efeitos genotóxicos da exposição ao BPA.

A expressão de genes que codificam proteínas envolvidas na segregação cromossómica foi testada para fornecer mais informações sobre o efeito diferencial de concentrações baixas de BPA na indução de micronúcleos em células HUVEC e HT29. Para o efeito, foi utilizada a PCR quantitativa em tempo real (qRT-PCR) com primers específicos para os componentes do centrossoma γ-tubulina e Aurora A, bem como para dois genes envolvidos na segregação cromatídica, nomeadamente CDCA8 e SGOL2. A γ-tubulina é essencial para a polimerização dos microtúbulos (Raynaud-Messina e Merdes 2007) e a Aurora A é uma proteína reguladora chave mitótica essencial para a maturação do centrossoma, a organização do fuso e a segregação dos cromossomas (Anand et al. 2003; Kollareddy et al. 2008). A CDCA8, também conhecida como borealina/ciclo de divisão celular A8, é um componente do complexo de passageiros cromossómicos (CPC) e é um dos principais reguladores dos eventos envolvidos na estabilidade do fuso bipolar mitótico (Gassmann et al. 2004). A Shugoshin-like2 (SGOL2) é essencial para uma segregação cromossómica precisa, estando envolvida na regulação do CPC e na fosforilação de uma despolimerase de microtúbulos associada à congressão cromossómica e à resolução de ligações inadequadas de microtúbulos. De facto, a depleção de SGOL2 induz a dissociação precoce da coesão centromérica, resultando na separação das cromátides irmãs (Illingworth et al. 2010; Kitajima et al. 2006; Tanno et al. 2010) e é fundamental para a ligação bipolar dos cromossomas (Rivera et al. 2012).

Os nossos resultados da regulação positiva de CDCA8 e SGOL2 induzida por BPA divergem dos dados publicados anteriormente que mostram uma regulação negativa destes genes em culturas de HEECs expostas a 50 μM de BPA (Bredhult et al. 2009). Este facto pode dever-se às concentrações de BPA testadas, que são muito inferiores (variando entre 10 e 1000 vezes a concentração mais baixa) neste estudo e/ou à especificidade do tipo de célula. De facto, os presentes resultados mostram que diferentes tipos de células têm sensibilidades distintas ao BPA. Os nossos dados mostram que o BPA tem efeitos mais pronunciados na transcrição de genes em HUVEC do que em células HT29. Uma vez que as HT29 expressam GPR30 e, nas nossas condições de cultura, as HUVEC não o fazem, as alterações induzidas pelo BPA observadas nas células HUVEC são independentes da presença do recetor GPR30. Além disso, podemos concluir que os efeitos específicos das células observados não são mediados apenas por ERs nucleares clássicos, uma vez que ERα não é expresso em nenhum dos tipos de células e ERβ é expresso em ambos. Em conjunto, os dados quantitativos da PCR em tempo real estabelecem que as baixas concentrações de BPA (equivalentes às encontradas no soro humano) podem ter efeitos na expressão de genes envolvidos em processos celulares básicos, como a segregação cromossómica.

Além disso, foi recentemente demonstrado que as concentrações de BPA pelo menos 1000 vezes superiores à dosagem mais baixa aqui utilizada (10 ng/ml) visam diretamente a tubulina, promovendo a polimerização microtubular e a indução de fusos multipolares em células HeLa (George et al. 2008). Verificou-se que os pólos ectópicos incluíam γ-tubulina mas não centrina, indicando que a rutura do fuso mitótico ocorre sem amplificação do centrossoma (George et al. 2008). Por conseguinte, foi demonstrado anteriormente que concentrações mais elevadas de BPA promovem fusos multipolares (George et al. 2008; Johnson e Parry 2008; Kabil et al. 2008; Ochi 1999; Parry et al. 2002) e micronúcleos CREST-positivos que indicam a presença de cinetócoros (Kabil et al. 2008; Parry et al. 2002; Pfeiffer et al. 1997). Aqui, as irregularidades observadas no fuso, que têm o potencial de induzir erros de segregação cromossómica e aneuploidia durante a mitose, podem ser responsáveis pelo aumento de micronúcleos induzidos por BPA. Esta hipótese é ainda apoiada pelos resultados do ensaio TUNEL, bem como pela análise da histona H3 acetilada na lisina 56 (H3K56ac), que indica a ausência de provas de fragmentação do ADN. Curiosamente, os índices mitóticos não revelaram diferenças entre as células tratadas e não tratadas com BPA. Isto é evidente nos índices mitóticos médios de 4,5% às 24 h para todos os tratamentos, que se reduzem para aproximadamente 2,5% às 72 h, como esperado devido à confluência das células. Embora não tenham sido efectuados ensaios citostáticos que envolvessem a medição dos índices mitóticos após a remoção do BPA, os nossos resultados de índice mitótico e de proliferação sugerem que estas concentrações de BPA não têm efeitos citostáticos nas células HUVEC.

Em conjunto, os nossos resultados mostram que as baixas concentrações de BPA encontradas em amostras humanas induzem a rutura do fuso em HUVECs com formação de pólos positivos adicionais de γ-tubulina. Tanto quanto sabemos, esta é a primeira vez que este facto é observado após a exposição ao BPA em concentrações tão baixas.

2.4 Conclusão

Os efeitos do BPA têm sido amplamente estudados nos últimos anos, estabelecendo que este EDC tem diversos efeitos nas células humanas que são altamente variáveis consoante o tipo de célula. No presente estudo, a linha celular primária HUVEC é mais sensível ao BPA do que a HT29, embora ambos os tipos de células sejam negativos para ERα e positivos para ERβ e apenas a HT29 expresse GPR30. Mais importante ainda, revelamos pela primeira vez que a exposição ao BPA em concentrações atualmente detectadas em seres humanos é capaz de interferir com os processos de divisão celular e resultar em aberrações mitóticas. Os nossos resultados confirmam as preocupações crescentes de que o BPA pode ter efeitos adversos mesmo em concentrações extremamente baixas (Sekizawa 2008; Vandenberg et al. 2009; Welshons et al. 2006). Estudos como este são fundamentais para a avaliação de risco do BPA, especialmente considerando a exposição ambiental generalizada dos seres humanos a este EDC.

O poluente ambiental bisfenol A interfere com a estrutura nucleolar

Edna Ribeiro-Varandas, H Sofia Pereira, Sara Monteiro, Ricardo Boavida Ferreira, Elsa Neves, Luisa Brito, Wanda Viegas, Margarida Delgado. 2012. "The Environmental Pollutant Bisphenol A Interferes with Nucleolar Structure", 2012 International Conference on Biomedical Engineering and Biotechnology, icbeb, pp.1811-1814

3.1 Introdução

O BPA é um produto químico desregulador endócrino (EDC) industrial amplamente utilizado, com a capacidade de se comportar como sinais biológicos e interferir com as funções hormonais endógenas, e é empregue no fabrico de uma grande variedade de produtos de consumo (Wetherill et al. 2007). Foi demonstrado que a exposição a xenobióticos pode promover alterações na organização dos nucléolos e no conteúdo proteico em resposta a vias de sinalização activadas pela resposta ao stress celular (Boulon et al. 2010). No entanto, os efeitos do BPA no nucléolo ainda são pouco conhecidos, embora tenham sido registadas anomalias associadas à exposição ao BPA, incluindo a fragmentação nucleolar, em células de salmão (Honkanen et al. 2004). A transcrição de genes de rRNA ocorre no componente fibrilar denso dos nucléolos que também compreende as proteínas fibrilarina e nucleolina, duas das proteínas não ribossómicas mais abundantes do nucléolo (Bartova et al. 2010; Mongelard e Bouvet 2007). Neste trabalho, avaliámos os efeitos do BPA na organização da fibrilarina, na transcrição dos genes 18 rRNA e nucleolina, bem como nas marcas epigenéticas H3 associadas à regulação genética. Foram testadas duas concentrações de BPA, 10 ng/ml, que está dentro da faixa de concentração encontrada em humanos (Vandenberg et al. 2010), bem como 1 µg/ml.

Foram utilizadas duas linhas celulares distintas, HUVEC e HT29, representativas dos tecidos vasculares e do trato digestivo que estão em contacto direto com o BPA *in vivo* (Vandenberg et al. 2007).

3.2 Resultados

3.2.1 A organização nucleolar é afetada pela exposição ao BPA.

Os padrões de distribuição da fibrilarina na interfase foram avaliados para cada condição de crescimento por imunofluorescência (Figura 1). Não foram observadas diferenças entre o controlo e o veículo, onde a fibrilarina apresentou uma distribuição nucleolar heterogénea típica na interfase (Figura 1A). No entanto, nas células expostas a BPA, verificou-se uma redução significativa na dispersão do sinal, observada como uma redução global nos rácios da área do sinal de fibrilarina/nuclear, calculada utilizando o software ImageJ (Figura 1B). A área relativa de fibrilarina foi reduzida em HUVEC de 0,102 ± 0,022 no controlo, para 0,078 ± 0,017 para 10 ng/ml e 0,073 ± 0,02 para 1 µg/ml de células tratadas com BPA. Em HT29, esta redução foi de 0,129 ± 0,026 nas células de controlo para 0,099 ± 0,023 para 10 ng/ml e 0,136 ± 0,023 para 1 iig/ml de BPA (Figuras 1A e 1B). As células HUVEC apresentaram, portanto, uma diminuição da área relativa de fibrilarina em ambas as concentrações de BPA testadas, enquanto as células HT29 apresentaram uma diminuição significativa da área relativa de fibrilarina exclusivamente nas células expostas à concentração mais baixa de BPA (Figura 1B). Também observámos uma diminuição global do número médio de nucléolos, evidente como uma redução significativa de 4,14 ± 1,08 nucléolos nas células HUVEC de controlo para 3,4 ± 0,95 para 10 ng/ml e 3,3 ± 0,77 para 1 iig/ml de HUVEC tratadas com BPA, e de 2,05 ± 0,7 nos controlos para 1,42 ± 0,49 para 10 ng/ml e 1,33 ± 0,47 para 1 iig/ml de HT29 tratadas com BPA (Figura 1C). É interessante notar que, considerando que tanto a área total de fibrilarina como o número de nucléolos diminuíram nos tratamentos com BPA, não foram encontradas diferenças no conteúdo total de fibrilarina (Figura 1D).

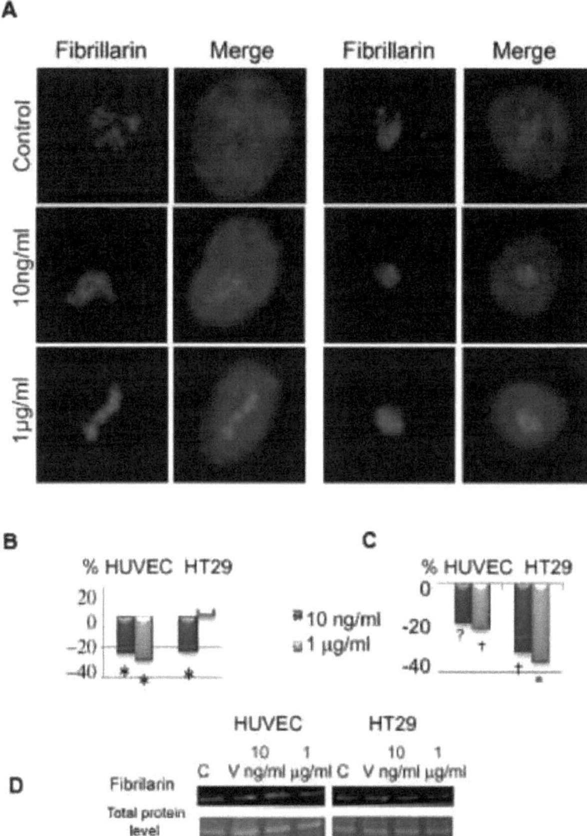

Figura 1 - Efeitos do BPA na fibrilarina em HUVEC e HT29 (A) Núcleos em interfase após imunodetecção de fibrilarina (vermelho) no controlo e após exposição ao BPA a 1 µg/ml ou a 10 ng/ml. Imagens mescladas com coloração DAPI são mostradas à direita, barra = 5µm. (B) Variação no número médio de nucléolos, e (C) variação na área relativa de fibrilarina. Em (B) e (C) os resultados são apresentados como % de variação em relação ao controle e os níveis de significância dos testes t de Student são mostrados ❖p <0.05; ↑p <0.01 e *p <0.001 (D) Western blotting de fibrilarina revelando uma banda idêntica de aproximadamente 40 KDa evidente para todos os tratamentos. O painel inferior mostra a proteína total usada como controles de carregamento.

3.2.2 Os efeitos do BPA na transcrição da nucleolina são específicos da célula e independentes dos níveis de ARNr.

Os níveis de transcrição do gene da nucleolina (*NCL*) e do 18S rDNA foram analisados por qRT-PCR em células HUVEC e HT29 (Figura 2). Não foram observadas diferenças significativas nos níveis de 18S rRNA, independentemente da linha celular ou da concentração de BPA. Pelo contrário, foi detectado um efeito específico da célula para os níveis de expressão *de NCL*, em que foi observado um aumento significativo de transcrições *de NCL* em ambas as concentrações de BPA exclusivamente nas células HUVEC. Estes resultados indicam que os efeitos do BPA nos níveis de *NCL* dependem do tipo de célula e são independentes dos níveis de ARNr.

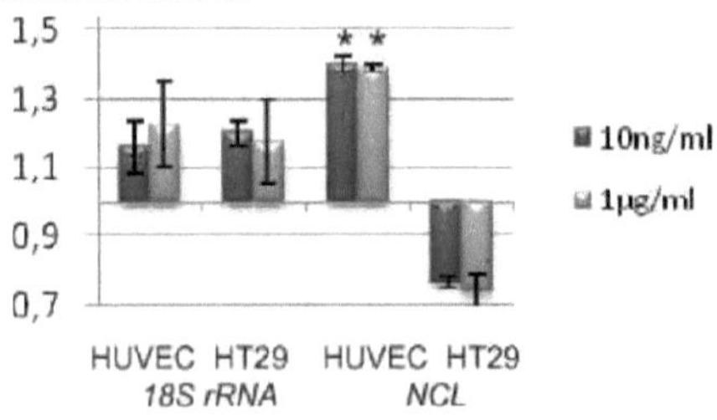

Figura 2 - Análise dos níveis de transcritos de 18S rDNA e NCL por PCR quantitativa em tempo real em células HUVEC e HT29 expostas a BPA a 1 µg/ml ou 10 ng/ml. Os ciclos de limiar de PCR (Ct) foram equilibrados com GAPDH e os resultados são mostrados como alteração média de fold ($2^{-\Delta\Delta Ct}$) ± desvio padrão em relação ao veículo, *p <0,001.

3.2.3 O bisfenol A altera as marcas epigenéticas H3 na região nucleolar.

Uma vez que a organização nucleolar está intimamente associada a vários factores epigenéticos implicados na regulação dos genes (Bartova et al. 2010), avaliámos os efeitos do BPA na distribuição da histona H3 modificada em dois resíduos de lisina distintos, nomeadamente a lisina 9 bi-metilada (H3K9me2) e a lisina 4 tri-metilada (H3K4me3) em células HUVEC (Figura 3A). Embora a distribuição nuclear global destas marcas epigenéticas não tenha sido afetada pela exposição ao BPA, observou-se uma diminuição dos níveis de H3K9me2 acompanhada de um aumento dos níveis de H3K4me3 no nucléolo das células tratadas com BPA (Figura 3A, comparar os painéis superior e inferior). Esses resultados foram mais acentuados em 1 µg/ml de exposição ao BPA, sugerindo um efeito dependente da dose. A imunotransferência em extractos de proteínas totais revelou que a variação de H3K9me2 e H3K4me3 na área dos nucléolos não se deve aos níveis totais de proteínas (Figura 3B), evidente como bandas de proteínas imunorreactivas idênticas de baixa intensidade com o tamanho esperado (~ 17 kDa) para ambas as modificações H3.

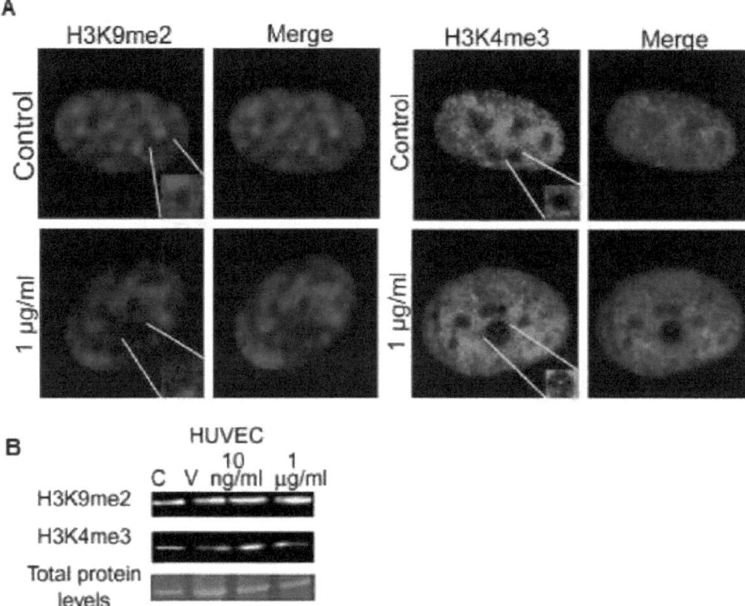

Figura 3 - Efeitos do BPA nas histonas modificadas, H3K9me2 e H3K4me3. (A) Núcleos de HUVEC mostrando a distribuição das marcas epigenéticas H3K9me2 (vermelho) e H3K4me3 (verde) em controlos e células tratadas com 1 µg/ml de BPA. As ampliações da região nucleolar são mostradas em inserções. O DNA foi corado com DAPI (azul) e as imagens mescladas são mostradas à direita, barras = 5 µm. (B) Western blotting em extractos de proteínas totais resulta em bandas específicas de H3K9me2 e H3K4me3 correspondentes a aproximadamente 17 KDa. São apresentados os níveis de proteína total utilizados como controlo de carga.

3.3 Discussão

A avaliação toxicológica das alterações epigenéticas é de particular importância, uma vez que estas alterações podem ter efeitos permanentes nos padrões de expressão genética e ser transmitidas transgeracionalmente (Crews e McLachlan 2006). Tem sido dada especial atenção aos efeitos tóxicos dos EDCs, como o composto estrogénico BPA, cuja exposição humana é considerada generalizada nos países desenvolvidos (Vandenberg et al. 2009). O BPA pode desencadear simultaneamente e de forma diferenciada vias de sinalização específicas em diferentes tipos de células, responsáveis pela natureza e magnitude das respostas biológicas (Dong et al. 2010). A importância de avaliar os efeitos toxicológicos na organização nucleolar e nas marcas epigenéticas tornou-se extremamente óbvia nos últimos anos (Lebaron et al. 2010; Szyf 2007). O nucléolo é um dos principais alvos das vias de sinalização activadas pela resposta ao stress celular (Magakian et al. 2009), no entanto a informação existente sobre os efeitos do BPA na organização e função nucleolares é ainda extremamente escassa. Neste trabalho, mostramos que o BPA tem uma série de efeitos sobre o nucléolo, um compartimento nuclear envolvido em numerosos processos celulares essenciais. A imunocitofluorescência com o marcador nucleolar fibrilarina mostra que a exposição ao BPA resulta numa redução das regiões nucleolares activas em ambas as linhas celulares estudadas. Isto indica que o BPA é capaz de desorganizar o núcleo e interferir com os mecanismos de arquitetura e organização nucleolares. Deve-se enfatizar que esses efeitos também foram observados em células expostas à menor concentração de BPA utilizada neste trabalho (10 ng/ml), que está dentro da faixa de níveis de BPA encontrados em humanos como resultado da exposição ambiental comum (Vandenberg et al. 2010). Observámos uma diminuição da área relativa da fibrilarina nas células HUVEC para ambos os tratamentos com BPA testados, enquanto este efeito só foi observado nas células HT29 expostas à concentração mais baixa de BPA. Isto não só revela que o BPA tem efeitos diferenciados em células distintas, mas, mais importante, demonstra que doses extremamente baixas de BPA podem desencadear alterações que não são detectadas em doses mais elevadas. Além disso, o BPA induz uma regulação positiva dos níveis de ARNm da nucleolina exclusivamente nas células HUVEC, independentemente da transcrição do ARNm. Tal como a fibrilarina, a nucleolina é uma proteína integral do componente nucleolar fibrilar denso envolvido em várias funções celulares importantes (Bartova et al. 2010). Finalmente, o BPA induz alterações nas marcas epigenéticas H3K9me2 e H3K4me3, associadas, respetivamente, ao silenciamento transcricional e à competência transcricional (Bartova et al. 2010). A diminuição dos níveis nucleolares de H3K9me2 e o aumento dos níveis nucleolares de H3K4me3 sugerem que o BPA induz um ambiente transcricional mais permissivo no nucléolo. Em conformidade, foi observada uma diminuição dos níveis nucleolares de H3K9me2 em células expostas ao agente de hipometilação do ADN 5-azacitidina (Bartova et al. 2010) e foi demonstrado que o BPA induz a hipometilação do ADN em animais (Bromer et al. 2010; Dolinoy et al. 2007). Isto sugere que as alterações observadas nas marcas epigenéticas nucleolares podem ser mediadas por uma redução no estado de metilação da cromatina associada aos núcleos.

3.4 Conclusão

Os nossos resultados mostram que os níveis de BPA normalmente encontrados em humanos podem afetar várias caraterísticas nucleolares, incluindo a distribuição de fibrilarina e o número médio de nucléolos, a expressão do gene da nucleolina e as marcas epigenéticas dos nucléolos. Estes resultados apoiam claramente as preocupações crescentes relativamente à avaliação dos riscos do BPA.

O bisfenol A altera os níveis de transcrição de genes biomarcadores da perturbação depressiva grave em células endoteliais vasculares e células do cancro do cólon

Edna Ribeiro-Varandas, H Sofia Pereira, Wanda Viegas, Margarida Delgado. 2015 O Bisfenol A altera os níveis de transcrição de genes biomarcadores da Perturbação Depressiva Major em Células Endoteliais Vasculares e Células de Cancro do Cólon. Aceite na Chemosphere ID:CHEM3622.

4.1 Introdução

O bisfenol A (BPA) é um monómero plástico e plastificante utilizado numa vasta gama de produtos de consumo, incluindo recipientes para alimentos e bebidas (Geens et al. 2012). A principal fonte de exposição humana ao BPA deve-se à lixiviação destes recipientes, resultando na sua ingestão (Ballesteros-Gomez et al. 2009; Mezcua et al. 2012). Estudos de biomonitorização mostraram que a exposição ambiental resulta em níveis internos detectáveis de BPA na maioria dos indivíduos analisados, (revisto em (Vandenberg et al. 2010) e níveis particularmente elevados associados à exposição ocupacional (He et al. 2009; Li et al. 2010). Uma vez que o BPA é um xenoestrogénio, tem a capacidade de desencadear vias distintas de sinalização de estrogénio com potenciais consequências para a saúde humana (revisto em (Rubin 2011). Significativamente, a exposição ao BPA no início da vida tem sido associada ao desenvolvimento da aprendizagem infantil e a problemas de comportamento (Hong et al. 2013), bem como a perturbações neuropsiquiátricas, incluindo a depressão (Harley et al. 2013). Estudos efectuados em ratos e primatas não humanos revelaram que o BPA interfere com a remodelação sináptica, que pode estar associada ao declínio cognitivo e à depressão (Hajszan e Leranth 2010). Também numerosos relatórios, incluindo o nosso trabalho anterior, demonstraram que o BPA, mesmo em concentrações muito baixas, é capaz de alterar os níveis globais de transcrição de genes envolvidos nos principais processos celulares em diferentes linhas celulares (Boehme et al. 2009; Bredhult et al. 2009; Buterin et al. 2006; Naciff et al. 2010; Ribeiro-Varandas et al. 2014a).

Embora a pesquisa de marcadores biológicos de perturbações neuropsiquiátricas como a perturbação depressiva major (MDD) tenha sido um desafio, Spijker e colaboradores identificaram vários genes com padrões de expressão alterados em células sanguíneas estimuladas, estabelecendo assim genes biomarcadores que podem ser utilizados como um endofenótipo para o diagnóstico da MDD (Spijker et al. 2010). Assim, as células endoteliais da veia umbilical humana (HUVEC) e a linha celular de adenocarcinona do cólon humano (HT29), representativas dos tecidos vasculares e do trato digestivo, respetivamente, foram testadas com duas concentrações de BPA relevantes para o ambiente. Nomeadamente, na gama detectada no sangue humano em exposições ambientais (Vandenberg et al. 2010) e associada à exposição profissional (He et al. 2009; Li et al. 2010). O etanol a 0,17 mM foi utilizado como veículo para ambas as concentrações de BPA.

4.2 Resultados

4.2.1 Os níveis de transcrição de genes de biomarcadores da perturbação do humor são afectados pelo etanol

O etanol a uma concentração final de 0,17 mM foi utilizado como veículo para ambas as concentrações de BPA testadas. Os nossos relatórios anteriores demonstraram que a concentração de etanol utilizada como veículo de BPA não afecta a viabilidade ou as taxas de proliferação nas linhas celulares HUVEC e HT29 e não tem efeitos nos padrões de expressão de vários genes envolvidos em processos celulares básicos (Ribeiro-Varandas et al. 2013; Ribeiro-Varandas et al. 2014a; Ribeiro-Varandas et al. 2014b). Em contraste, neste trabalho observámos que a exposição ao etanol afecta os níveis de transcrição dos quatro genes biomarcadores de MDD para os quais foram obtidos dados de qRT-PCR, nomeadamente PLSCR1, CARPIN1, PROK2 e ZBTB16, particularmente em HUVEC (Figura 1). Este facto é evidente na Figura 1 A, onde a exposição de 24 h ao etanol resultou numa diminuição significativa dos transcritos de PLSCR1 (log2 fold change -0,699 ± 0,139) e ZBTB16 (log2 fold change -1,236 ± 0,257). Além disso, embora não significativa, também foi observada uma diminuição dos níveis de transcrição de CARPIN1 e PROK2. Curiosamente, uma reversão completa do efeito transcricional observado após 24 horas de exposição ao etanol foi observada após 72 horas, com o aumento significativo de PLSCR1 (log2 fold change 0,679 ± 0,227), ZBTB16 (log2 fold change 0,575 ± 0,169) e CARPIN1 (log2 fold change 0,882 ± 0,235). Por outro lado, nas células HT29, observou-se uma regulação positiva de PROK2 (log2 fold change 0,971 ± 0,212) exclusivamente após 72 h de exposição ao etanol (Figura 1 B).

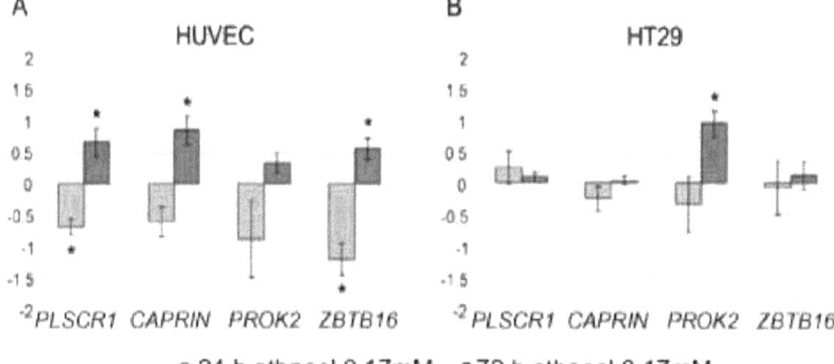

Figura 1. O etanol afecta os níveis de transcrição dos biomarcadores da MDD. Níveis de transcrição dos genes de biomarcadores de MDD PLSCR1, CAPRIN1, PROK2 e ZBTB16 em (A) HUVEC e (B) células HT29 após exposição a 0,17 mM de etanol durante 24 h e 72 h. Os resultados são apresentados como a alteração média de log2 fold (2-ΔΔCt) ± erro padrão da média em relação a células de passagens equivalentes mantidas em meios padrão. Teste t de Student, * $p < 0{,}01$.

4.2.2 O BPA afecta diferencialmente os níveis de transcrição de genes de biomarcadores para MDD em células HUVEC e HT29.

As células HUVEC e HT29 foram expostas ao BPA em duas concentrações fisiológicas relevantes distintas (10 ng/mL (44 nM) ou 1 μg/mL (4,4 μM)) por 24 h e 72 h. Os efeitos transcricionais induzidos pelo BPA nos genes de assinatura MDD- foram analisados em relação ao veículo sozinho, e os resultados são mostrados na Figura 2. Em HUVEC (Figura 2 A), apenas uma regulação negativa significativa de PROK2 (log2 fold change -0,786 ± 0,227) foi observada após 24 h de exposição à concentração mais baixa de BPA (10 ng/mL). Por outro lado, após 72 h de exposição, os efeitos do BPA foram observados exclusivamente para a concentração mais alta (1 μg/mL) com uma regulação positiva de PROK2 (log2 fold change 0,771 ± 0,138) e uma regulação negativa de PLSCR1 (log2 fold change -0,99 ± 0,279) e ZBTB16 (log2 fold change -0,951 ± 0,152). Em contraste com as HUVEC, os efeitos transcricionais do BPA foram mais pronunciados para a concentração mais baixa e o período mais curto de exposição nas células HT29 (Figura 2 B). Após 24 h de exposição ao BPA a 10 ng/mL, registou-se uma regulação positiva de

PLSCR1 (log2 fold change 0,541 ± 0,161), CARPIN1 (log2 fold change 0,716 ± 0,177) e PROK2 (log2 fold change 0,997 ± 0,269) foi observado. PLSCR1 foi similarmente regulado positivamente após 24 h de exposição à maior concentração de BPA (log2 fold change 0,513 ± 0,104 para 1 μg/mL). Para a exposição mais longa (72 h), apenas um aumento significativo foi detectado para os transcritos CARPIN1 (log2 fold change 0,461 ± 0,102) com a maior concentração de BPA.

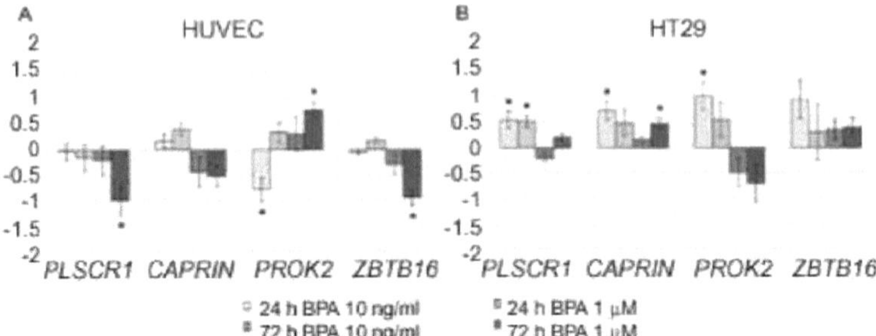

Figura 2. Os biomarcadores de MDD são diferencialmente alterados pelo BPA. Análise dos efeitos do BPA nos níveis de transcrição de PLSCR1, CAPRIN1, PROK2 e ZBTB16 em (A) HUVEC e (B) células HT29 após 24 h e 72 h de exposição a 10 ng/mL ou 1 µg/mL de BPA. Os resultados são mostrados como a média log2 fold change (2-ΔΔCt) ± erro padrão da média em relação às células de passagens equivalentes mantidas em meio suplementado com etanol 0,17 mM (veículo). Teste t de Student * $p < 0{,}01$.

4.3 Discussão

No presente estudo, quatro dos sete genes biomarcadores descritos para MDD (Spijker et al. 2010) permitiram uma análise transcricional dos efeitos induzidos por baixas doses de BPA nas linhas celulares HUVEC e HT29, nomeadamente PLSCR1, CAPRIN1, PROK2 e ZBTB16.

O etanol foi usado como veículo de BPA na concentração muito baixa de 0,17 mM, considerando que o nível de intoxicação legal de referência varia de 12,5 mM a 20 mM e os efeitos sobre a proliferação celular foram descritos apenas para exposições a altas dosagens (100 mM) (HT Lee et al. 2013; Moon et al. 2014). Já demonstrámos anteriormente que nem o etanol nem o BPA, na concentração utilizada no presente trabalho, afectam as taxas de proliferação de HT29 e HUVEC após 24 h ou 72 h (Ribeiro-Varandas et al. 2013). Da mesma forma, não foram detectados efeitos desta concentração de etanol em ambas as linhas celulares no que diz respeito aos níveis de transcrição de vários genes associados a funções celulares distintas, tais como, segregação cromossómica (Ribeiro-Varandas et al. 2013), biogénese de subunidades do ribossoma (PHS Ribeiro-Varandas E., Monteiro S., Boavida Ferreira R., Neves E., Brito L., Viegas W., Delgado M. 2012) ou regulação do ciclo celular (Ribeiro-Varandas et al. 2014a). Notavelmente, mostramos aqui que a concentração extremamente baixa de etanol de 0,17 mM afecta os níveis de transcrição de três dos quatro genes de assinatura MDD analisados em HUVEC e o quarto é alterado em células HT29. Isto sugere que a expressão destes genes é particularmente reactiva à exposição ao etanol, embora de uma forma dependente do tipo de célula. De forma relevante, o ZBTB16 foi classificado como um gene responsivo ao etanol potencialmente associado à preferência pelo álcool em ratinhos (Weng et al. 2009).

Relativamente à exposição ao BPA, observa-se uma clara resposta diferencial entre os dois

tipos de células. Nas HUVEC, o BPA induz efeitos mais acentuados após exposições prolongadas (72 h) à dose mais elevada de BPA, ao passo que na linha de células HT29 são detectados efeitos mais fortes após uma exposição curta (24 h) à concentração mais baixa ensaiada. Estes resultados estão de acordo com a nossa análise anterior relativa à transcrição de duas sequências relacionadas com LINE-1, que mostrou um efeito dependente do tempo e da dose de BPA em HUVEC, enquanto na linha celular HT29 a resposta ao BPA é perdida com a exposição prolongada (Ribeiro-Varandas et al. 2014a). Em conjunto, estes resultados comprovam uma potencial resposta não-monotónica à dose (NMDR) para o BPA em células cancerígenas do cólon. Foram registadas NMDR para o BPA em diferentes parâmetros de análise, o que conduz a elevados níveis de incerteza relativamente à avaliação do risco para a saúde humana (revisto em (Vandenberg et al. 2012). O BPA pode afetar a transcrição de genes através de receptores de estrogénio nucleares e ligados à membrana. Ambos os tipos de células expressam o ERβ clássico, mas são negativos para o ERα (Arai et al. 2000; Campbell-Thompson et al. 2001;
Matthews et al. 2001; Toth et al. 2008) e a HT29 exprime adicionalmente o recetor de estrogénio acoplado à proteína G GPR30 de alta afinidade com o BPA (Ribeiro-Varandas et al. 2013). É importante ressaltar que o ERβ, bem como o GPR30, são expressos em todo o sistema nervoso central e são capazes de se acoplar a cascatas de sinalização intracelular que afetam a função cognitiva através da modulação da estrutura neuronal (revisado em (Sellers et al. 2014)).

4.4 Conclusão

Como se sabe que o BPA interfere com a remodelação sináptica, o presente estudo sublinha a necessidade de uma melhor compreensão dos efeitos celulares do BPA e fundamenta as preocupações crescentes de que este xenoestrogénio possa ter efeitos perigosos na saúde humana, mesmo em concentrações extremamente baixas.

O bisfenol A perturba a transcrição e diminui a viabilidade das células endoteliais vasculares em envelhecimento

Ribeiro-Varandas E, Pereira HS, Monteiro S, Ferreira RB, Neves E., Brito L, Viegas W, Delgado M. 2014. O bisfenol A interrompe a transcrição e diminui a viabilidade em células endoteliais vasculares envelhecidas. International Journal of Molecular Sciences.15:15791-15805.

5.1 Introdução

O bisfenol A (BPA) é um produto químico industrial, utilizado no fabrico de muitos produtos de consumo, como plásticos de policarbonato e resinas epóxi. A principal fonte de exposição humana ao BPA deve-se à lixiviação de recipientes que resulta na sua ingestão (Ballesteros-Gomez et al. 2009; Mezcua et al. 2012). Estudos de biomonitorização mostraram que a exposição ambiental resulta em níveis internos detectáveis de BPA na maioria dos indivíduos analisados, (revisto em (Vandenberg et al. 2010) e níveis particularmente elevados associados à exposição ocupacional (He et al. 2009; Li et al. 2010). O BPA é um xenoestrogénio ambiental capaz de desencadear vias distintas de sinalização estrogénica com potenciais consequências para a saúde humana, (revisto em (Rubin 2011). Vários estudos mostram que o BPA em concentrações muito baixas altera a cinética da proliferação e a expressão de genes relacionados com o ciclo celular, (Ptak et al. 2011; Ribeiro-Varandas et al. 2013). Além disso, a exposição ao BPA pode afetar a metilação do ADN e, consequentemente, a expressão genética, (revisto em (Singh e Li 2012). Isto foi observado pela primeira vez em ratinhos, onde a hipometilação induzida pelo BPA do retrotransposão da partícula A intracisternal (IAP) resulta numa expressão alterada dos genes associados (Dolinoy et al. 2007). Além disso, a análise de todo o genoma da metilação do ADN no prosencéfalo do rato em desenvolvimento revelou que 64% dos loci analisados tinham alterações de hiper ou hipo metilação dependentes da fase de desenvolvimento associadas à exposição ao BPA (Yaoi et al. 2008). Também foram registados padrões de transcrição alterados associados a modificações na metilação do ADN para vários genes em células humanas expostas ao BPA (Fernandez et al. 2012). Embora existam provas substanciais de que o BPA afecta a metilação do ADN, os efeitos deste químico nas modificações das histonas permanecem em grande parte desconhecidos, (revisto em (Singh e Li 2012). Um relatório revelou que o aumento da expressão da histona metiltransferase enhancer of Zeste Homolog 2 (*EZH2*) é induzido pelo BPA, com o consequente aumento do nível global de trimetilação da histona H3 na lisina 27 (H3K27me3), tanto em células de cancro da mama humano como em glândulas mamárias de ratinho (Doherty et al. 2010). Recentemente, mostrámos também que o BPA altera a distribuição intranucleolar de duas modificações pós-tradução H3 distintas (H3K4me3 e H3K9me2) em células endoteliais humanas primárias (HUVEC), embora sem alteração do nível global destas duas marcas epigenéticas (SPH Ribeiro-Varandas E., Monteiro S., Boavida Ferreira R., Neves E., Brito L., Viegas W., Delgado M. 2012).

Numerosos estudos estabeleceram uma relação estreita entre a epigenética e o envelhecimento. As modificações epigenéticas têm sido altamente correlacionadas com patologias relacionadas com a idade, como o cancro, doenças neurodegenerativas e cardiovasculares, bem como com processos fisiológicos do próprio envelhecimento (revisto em (Boyd-Kirkup et al. 2013; D'Aquila et al. 2013). O envelhecimento celular é caracterizado por alterações fisiológicas contínuas e perda da capacidade replicativa. Em cultura de células primárias, após um certo número de duplicações da população em culturas de células, o número de células em divisão ativa diminui à medida que as células entram em senescência replicativa. A senescência também pode ser induzida pela exposição a doses subcitotóxicas de agentes stressantes, como oxidantes ou etanol (Dumont et al. 2002; Toussaint et al. 2000). Por conseguinte, foi recentemente demonstrado que o BPA pode ter um papel importante no aumento da senescência celular em células epiteliais mamárias humanas normais (HMEC), atribuível à desregulação dos genes reguladores do ciclo celular (Qin et al. 2012). Um facto relevante é que concentrações elevadas de BPA urinário têm sido correlacionadas com a patogénese de doenças relacionadas com a idade, como a aterosclerose coronária e carotídea (Lind e Lind 2011; Melzer et al. 2010; Melzer et al. 2012), uma forma de senescência arterial acelerada (Andreassi 2008). No entanto, apesar da extensa investigação sobre os efeitos do BPA nas células cancerígenas humanas, os efeitos do contacto contínuo nas células vasculares primárias são, na sua maioria, desconhecidos.

Neste trabalho, utilizámos as linhas celulares HUVEC e HT29 de adenocarcinona do cólon humano para comparar os efeitos do BPA nas células primárias do tecido vascular e nas células cancerígenas do tecido do trato digestivo. O Long Interspersed Element-1 (LINE-1 ou L1) é um retroelemento altamente abundante distribuído por todo o genoma humano. Para aceder aos efeitos do BPA na transcrição global das células HT29 e HUVEC, avaliámos a expressão de duas regiões distintas do LINE-1 (Aporntewan et al. 2011). Além disso, os efeitos do BPA na viabilidade celular e na expressão de genes associados à senescência foram analisados em células HUVEC em envelhecimento.

5.2 Resultados

5.2.1 O bisfenol A (BPA) altera a transcrição global na linha celular de adenocarcinona do cólon humano HT29 e nas células endoteliais da veia umbilical humana (HUVEC)

Tendo em conta que a principal via de exposição ao BPA nos seres humanos ocorre através da ingestão, seguida da entrada na circulação sanguínea, utilizou-se a linha celular HT29 e HUVEC como representantes do trato digestivo e dos tecidos vasculares, respetivamente.

Foi efectuada uma PCR quantitativa em tempo real (qRT-PCR) com dois conjuntos de primers específicos de L1 (L1-5' e L1-3') previamente utilizados para a avaliação dos mecanismos de regulação genética epigenética (Aporntewan et al. 2011). Os níveis transcricionais foram comparados entre BPA e veículo (alteração média log2 fold ± desvio padrão) em células HUVEC jovens (passagem 4, p4), bem como na linha celular imortal HT29 após tratamentos de 24 e 72 h (Figura 1A, B). Os níveis de transcrição de L1 foram significativamente alterados nas células HUVEC para ambos os tempos de exposição, no entanto, a resposta precoce (24 h) mostrou ser dependente da dose, com ambas as sequências sendo reguladas positivamente para a concentração mais alta de BPA (1 μg/mL) (0,295 ± 0,165 para L1-5 'e 0,55 ± 0,159 para L1-3'). Curiosamente, após 72 h de exposição, houve uma diminuição significativa nos níveis de expressão de L1-5' para 10 ng/mL de BPA (-0,528 ± 0,279) e em ambas as sequências para BPA a 1 μg/mL (-0,294 ± 0,14 para L1-5' e -1,176 ± 0,77 para L1-3') (Figura 1A). Estes resultados revelam que o BPA afecta diferencialmente as sequências 5' e 3' de L1 de uma forma dependente da dose, particularmente para o tempo de exposição mais longo (72 h). Ao contrário das HUVEC, nas células HT29, a transcrição de L1 aumentou significativamente exclusivamente após 24 h de exposição ao BPA, na concentração mais baixa de BPA analisada (0,315 ± 0,144 em L1-5' e 0,702 ± 0,479 em L1-3' para 10 ng/mL de BPA). Não se registaram efeitos na transcrição de L1 nas células HT29 expostas ao BPA durante 72 h (Figura 1B), o que sugere que a resposta das HT29 ao BPA se perde com a exposição prolongada.

Foram também avaliados os efeitos do BPA no conteúdo global de duas modificações da histona H3 (H3K4me3 e H3K9me2) nas células HT29. O immunoblotting de extractos de proteínas totais utilizando anticorpos específicos para cada modificação H3 revelou bandas de proteínas imunorreactivas com o tamanho esperado de aproximadamente 17 kDa (Figura 1C), sem diferenças significativas no conteúdo global das histonas modificadas.

Dada a maior sensibilidade das HUVEC ao BPA e o facto de estas serem células primárias que sofrem senescência em cultura, foram também analisados os efeitos do BPA na transcrição de L1 em HUVEC na passagem 12 (p12), *ou seja*, células senescentes (Khaidakov et al. 2011). Foram detectados efeitos opostos do BPA para ambas as sequências L1 com uma diminuição em L1-5' (-0,377 ± 0,221) e um aumento nos níveis transcricionais de L1-3' (0,722 ± 0,423) em HUVEC envelhecidas (Figura 1D).

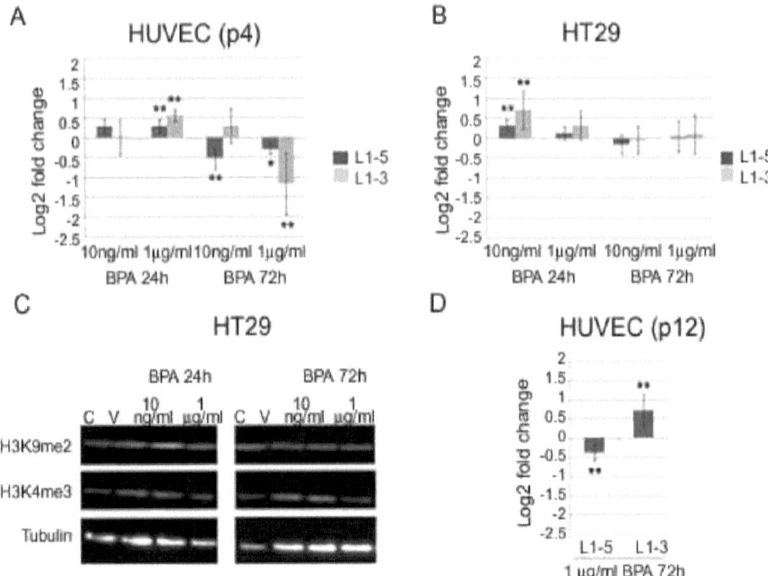

Figura 1 - Análise dos efeitos do BPA nos níveis de transcrição de L1 e nas marcas epigenéticas H3K9me2 e H3K4me3. (**A, B**) Análise transcricional de L1-5' e L1-3' em células endoteliais jovens (passagem 4, p4) da veia umbilical humana (HUVEC) (**A**) e na linha celular de adenocarcinona do cólon humano HT29 (**B**) após 24 e 72 h de exposição a 10 ng/mL ou 1 µg/mL de BPA; (**C**) Deteção de Western blotting de H3 dimetilação na lisina 9 (H3K9me2) e H3 trimetilação na lisina 4 (H3K4me3) em células HT29 após 24 e 72 h
exposição a 10 ng / mL ou 1 µg/mL BPA mostrando uma única banda de 17 kDa idêntica à observada para células cultivadas em meio de controle ou em meio suplementado com veículo, α-tubulina foi usada como controle de carga; (**D**) níveis de transcrição L1- 5 'e L1-3' em HUVEC envelhecido na passagem 12 (p12) após 72 h de exposição a 1 µg/mL BPA. Os resultados em (**A**), (**B**) e (**D**) são apresentados como a alteração média log2 fold ($2^{-\Delta\Delta Ct}$) ± desvio padrão em relação a células equivalentes expostas apenas ao veículo. Valores significativamente diferentes do veículo são indicados Teste t de Student **p < 0,01 e *p < 0,05.

5.2.2 A exposição contínua ao BPA reduz a viabilidade das HUVEC envelhecidas.

Considerando que a exposição humana ao BPA é contínua ao longo da vida, analisámos aqui os efeitos do BPA na viabilidade celular de HUVEC envelhecidas. Na passagem 12, as HUVEC foram expostas ao BPA por 72 h ou submetidas à exposição contínua ao BPA por sete passagens adicionais até a passagem 19 (p19). Para efeitos de comparação, foram efectuadas passagens adicionais independentemente do nível de confluência e as células foram semeadas com a mesma densidade em todas as passagens/tratamentos. As células equivalentes foram mantidas durante os mesmos períodos em meio suplementado com veículo. Os resultados são apresentados em relação às células mantidas em condições padrão (Figura 2A).

Não se verificaram efeitos consideráveis na viabilidade celular para o veículo (etanol) em relação ao controlo em nenhuma das condições analisadas. Mais importante ainda, não foi detectada qualquer variação significativa na viabilidade após 72 h de exposição a BPA na passagem 12. Do mesmo modo, na passagem 15 (p15), correspondente a 384 h de exposição contínua a BPA, não foi detectada qualquer variação significativa entre os controlos e os tratamentos. Curiosamente, nesta passagem foi detectado um nível mais elevado de variação, independentemente do meio de crescimento, sugerindo uma fase de transição no processo de senescência. Em contrapartida, ambas as concentrações de BPA testadas induziram uma diminuição significativa da viabilidade celular nos períodos mais longos, 528 h - passagem 17 (p17) (-23,58% ± 4,80% e -26,60% ± 2.71%, para BPA 10 ng/mL e 1 µg/mL, respetivamente) e 693 h - passagem 19 (-37,12% ± 1,83% e -26,26% ± 2,35%, para BPA 10 ng/mL e 1 µg/mL, respetivamente) (Figura 2A).

Os nossos resultados indicam claramente uma diminuição significativa da capacidade de proliferação entre as passagens 12 e 19 (Figura 2B). Isto é evidente na emissão de fluorescência significativamente mais baixa na passagem 19 para todas as condições de crescimento, o que indica uma diminuição do número de células viáveis. De forma relevante, esta redução nas células viáveis é mais agravada nas células tratadas com BPA, mostrando que a exposição prolongada ao BPA aumenta este fenótipo relacionado com o envelhecimento.

Além disso, a morfologia celular e a organização do citoesqueleto foram comparadas entre células não senescentes (passagem 6) e senescentes (passagem 19). A imunodetecção da α-tubulina revelou claramente uma morfologia distinta entre HUVEC jovens e envelhecidas (Figura 2C). As células senescentes mostram uma área de superfície aumentada, tamanho nuclear alargado, contornos estrelados e enriquecimento de microtúbulos, no entanto, sem efeitos associados da exposição ao BPA na organização do citoesqueleto em HUVEC envelhecidas. Embora os nossos resultados citológicos não tenham identificado alterações na morfologia celular associadas à exposição ao BPA, os efeitos induzidos pelo BPA na viabilidade celular são apoiados por diminuições evidentes na densidade celular na passagem posterior (Figura 2C).

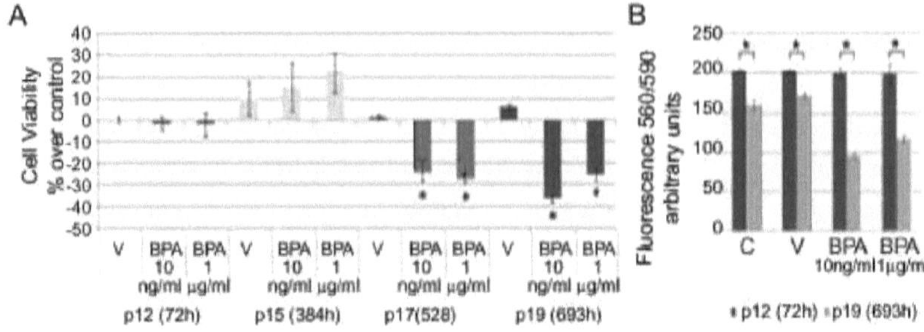

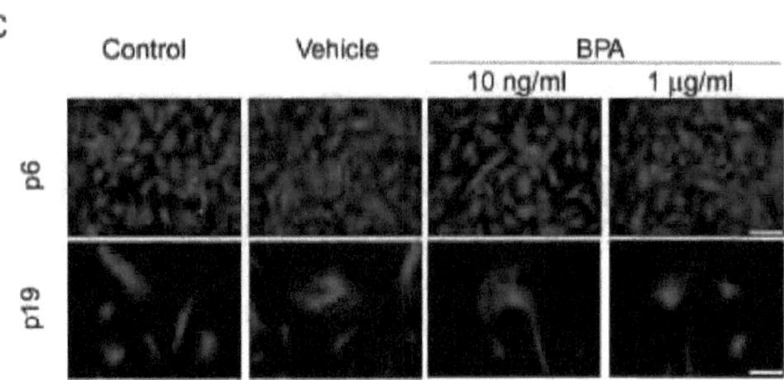

Figura 2 - Avaliação dos efeitos da exposição ao BPA na viabilidade e morfologia celular em células HUVEC envelhecidas. (**A**) Variação da viabilidade celular após h de exposição (passagem 12, p12), 384 h (passagem 15, p15), 528 h (passagem 17, p17) e 693 h (passagem 19, p19) de exposição ao veículo, BPA 10 ng/mL e BPA 1 µg/mL. Os resultados são apresentados como percentagem de variação em relação a células equivalentes mantidas em meio padrão (controlo). Teste *t* de Student * $p < 0{,}01$ em relação ao controlo; (**B**) Comparação da intensidade de fluorescência a 590 nm (comprimento de onda de excitação, 560 nm) entre a passagem 12 e 19 para todas as condições de cultura ensaiadas. Os resultados são apresentados como média ± desvio padrão. Teste *t* de Student * $p < 0{,}001$. Os dados em (**A**) e (**B**) resultam de procedimentos de cultivo e viabilidade realizados simultaneamente para todas as condições de crescimento; foi utilizada a mesma densidade de sementeira em todas as passagens e condições de crescimento; (**C**) Análise da morfologia celular após deteção in situ de α-tubulina (vermelho) e coloração DAPI de ADN (azul) em HUVEC proliferativas jovens (P6, painel superior) e HUVEC envelhecidas (P19, painéis inferiores). As HUVEC proliferativas jovens foram expostas a uma concentração de BPA ou a um veículo durante 72 h na passagem 6; as células envelhecidas foram analisadas na passagem 19 após exposição contínua a partir da passagem 12. Barras de escala = 50 µm.

5.2.3 A exposição contínua ao BPA induz a expressão diferencial de genes em HUVEC envelhecidas.

Para analisar os efeitos transcricionais de exposições curtas e contínuas de 1 µg/mL de BPA em genes associados à senescência induzida por stress, foi utilizada qRT- PCR para avaliar os níveis de expressão de osteonectina (*SPARC*), fibronectina (*FN1*), *p21*, *FOS*, *bcl-xL*, nucleolina (*NCL*) e 18S rRNA. em HUVEC jovens (p6) e envelhecidas (p12 e p19). A exposição curta (72 h) foi avaliada em células jovens (p6) e células envelhecidas (p12) (Figura 3A), enquanto a exposição contínua foi avaliada em células envelhecidas mantidas na presença de BPA da passagem 12 à passagem 19 (p19) (Figura 3B). Os resultados são apresentados em comparação com células equivalentes cultivadas em meio suplementado com veículo como alteração média log2 fold ± desvio padrão.Em HUVEC jovens (p6), a exposição de 72 h a 1 µg/mL de BPA resultou, como relatamos anteriormente (SPH Ribeiro-Varandas E., Monteiro S., Boavida Ferreira R., Neves E., Brito L., Viegas W., Delgado M. 2012), em uma ligeira regulação positiva do gene *NCL* (0,308 ± 0,340). Inversamente, em células envelhecidas (p12)

, a mesma exposição

ao BPA resultou numa diminuição significativa dos níveis de transcrição *de p21* (-0,41 ± 0,166) e *bcl-xL* (-0,49 ± 0,352). Além disso, a exposição contínua a BPA de células HUVEC envelhecidas (693 h, p19) resultou numa regulação negativa significativa dos níveis de ARNm de *FOS* (-0,884 ± 0,319) e 18S rDNA (-0,801 ± 0,588).

Além disso, a análise da transcrição de sequências relacionadas com L1 após exposição contínua a BPA (693 h, p19) revelou uma diminuição dos níveis de expressão de L1-5' (-0,549 ± 0,368) e um aumento de L1-3' (1,115 ± 0,15) (Figura 3C).

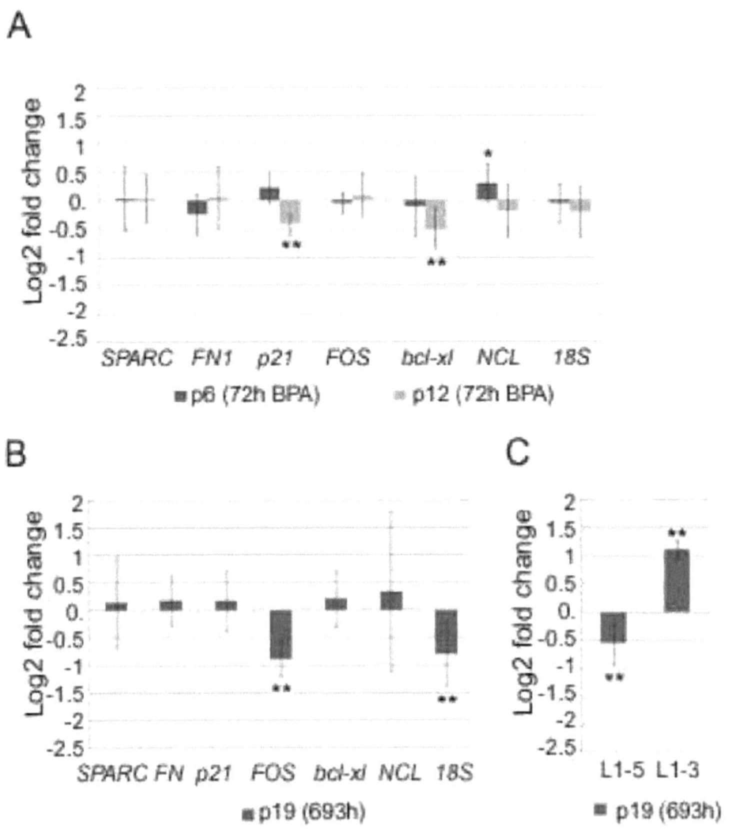

Figura 3 - Avaliação quantitativa por Reação em Cadeia da Polimerase em Tempo Real (qRT-PCR) da osteonectina (*SPARC*), fibronectina (*FN1*), *p21*, *FOS*,*bcl-xl*, nucleolina (*NCL*) e transcrição *de 18S rRNA* em (**A**) células HUVEC jovens (p6) e envelhecidas (p12) após 72 h de exposição a 1 µg/mL de BPA e (**B**) HUVEC envelhecidas (p19) após exposição prolongada (693 h) a BPA 1 iig/mL; (**C**) Níveis de transcrição de L1-5' e L1-3' em HUVEC em envelhecimento após exposição prolongada a BPA 1 µg/mL (p19, 693 h). Os resultados são mostrados como a média log2 fold change ($2^{-\Delta\Delta Ct}$) ± desvio padrão em relação às células de passagens equivalentes mantidas em meio suplementado com veículo. Teste t de Student, $**p < 0,01$ e $*p < 0,05$.

5.3 Discussão

O BPA é extensivamente metabolizado levando à inativação biológica, no entanto, são encontrados baixos níveis de BPA livre, a forma bioactiva, nos tecidos e fluidos humanos (Vandenberg et al. 2010). No presente estudo, foram testadas duas concentrações fisiológicas relevantes distintas de BPA livre, 10 ng/mL dentro do intervalo encontrado em amostras humanas devido à exposição ambiental (Melzer et al. 2010; Vandenberg et al. 2010) e 1 µg/ml associado à exposição ocupacional (He et al. 2009; Li et al. 2010). Sabe-se que o BPA afecta a expressão transcricional de vários genes envolvidos nos principais processos celulares em diferentes linhas celulares (Boehme et al. 2009; Bredhult et al. 2009; Buterin et al. 2006; Naciff et al. 2010). A fim de avaliar os efeitos do BPA na transcrição geral, foi avaliada a transcrição relativa de duas sequências das regiões 5' e 3' de LINE-1. O LINE-1 é um retrotransposão de ~6 kb não específico do local, autónomo e não Long Terminal Repeat que compreende aproximadamente 17% do genoma humano (Ostertag e Kazazian 2001) com mais de 2500 cópias L1 localizadas em mais de 1400 genes (Aporntewan et al. 2011). Aqui, foi realizada PCR quantitativa em tempo real (qRT-PCR) com dois conjuntos de primers específicos de L1 (L1- 5' e L1-3') previamente utilizados para a avaliação de mecanismos reguladores de genes epigenéticos em células cancerígenas (Aporntewan et al. 2011). A análise da transcrição de L1 revelou que as HUVEC primárias jovens são mais sensíveis ao BPA do que as células cancerígenas HT29, de acordo com os nossos resultados anteriores relativos à indução de micronúcleos por BPA e à alteração da transcrição de genes relacionados com a segregação cromossómica (Ribeiro-Varandas et al. 2013). A resposta menos pronunciada ao BPA em HT29 não está relacionada com a falta de expressão de receptores de estrogénio, uma vez que tanto as células HUVEC como HT29 expressam o recetor de estrogénio clássico beta e HT29 expressa também o recetor de estrogénio acoplado à proteína G 1 (GPER) (Ribeiro-Varandas et al. 2013). É importante notar que a afinidade do BPA é consideravelmente maior para o GPER do que para os ERs clássicos e estudos recentes implicaram esta via de sinalização na resposta celular do BPA (Dong et al. 2011; Pupo et al. 2012). A menor capacidade de resposta do HT29 pode, por conseguinte, estar relacionada com caraterísticas intrínsecas das células cancerosas que as tornam mais insensíveis a sinais externos (Hanahan e Weinberg 2011). Além disso, a análise da transcrição de sequências relacionadas com L1 em células senescentes HUVEC após exposições curtas e contínuas ao BPA demonstrou efeitos opostos do BPA. Estes resultados mostram que os efeitos do BPA na transcrição de L1 diferem consoante o tempo de cultura, tendo as células envelhecidas uma resposta pronunciada, e sugerem que este químico pode induzir modificações epigenéticas de forma desigual em todo o genoma.

Além disso, há provas de que a exposição ao BPA afecta a metilação do ADN de vários genes (Fernandez et al. 2012), bem como as sequências de retroelementos (Dolinoy et al. 2007). No entanto, a informação relativa aos efeitos do BPA nas modificações das histonas é quase inexistente (Singh e Li 2012). Por conseguinte, aqui também foram avaliados os efeitos do BPA no conteúdo global de H3K4me3 e H3K9me2, geralmente associados à ativação e silenciamento de genes, respetivamente (Hon et al. 2009). Não foram detectadas diferenças no conteúdo global de histonas modificadas entre os tratamentos com BPA e os controlos, tal como mostrámos anteriormente para as células HUVEC (SPH Ribeiro-Varandas E., Monteiro S., Boavida Ferreira R., Neves E., Brito L., Viegas W., Delgado M. 2012). No entanto, não se podem excluir as modificações induzidas pelo BPA destas marcas epigenéticas em determinados genes. Resultados anteriores mostraram que o BPA aumenta a expressão da histona metil transferase EZH2, resultando no aumento da trimetilação de H3K27 (H3K27me3), uma modificação associada à repressão transcricional (Doherty et al. 2010). Considerando que a metilação de H3K4 e H3K9 é independente de EZH2 (Varier e Timmers 2011), os nossos resultados sugerem que o BPA afecta diferencialmente vias distintas de metilação de histonas.

Considerando a estreita relação entre epigenética e envelhecimento, analisámos também os efeitos do BPA na viabilidade celular de HUVEC envelhecidas. O declínio da proliferação celular após uma cultura prolongada é uma caraterística comum das células primárias associada à paragem de G0 (Hwang et al. 2009) e, nas HUVEC, é acompanhado por um aumento da apoptose espontânea e da poliploidização (Wagner et al. 2001). À medida que as células envelhecidas deixam de se dividir, surgem várias alterações distintas na morfologia, motilidade e força mecânica, juntamente com alterações do citoesqueleto, como um aumento dos microtúbulos (Hwang et al. 2009; Wang e Gundersen 1984). Aqui, as células senescentes mostram uma área de superfície aumentada, tamanho nuclear alargado, contornos estrelados e enriquecimento de microtúbulos, tal como descrito anteriormente (van der Loo et al. 1998). Embora o BPA possa visar diretamente a tubulina (George et al. 2008) e perturbar o citoesqueleto mitótico em HUVEC em divisão ativa (Ribeiro-Varandas et al. 2013), não afecta a organização do citoesqueleto em HUVEC em envelhecimento. No entanto, os nossos resultados indicam que as concentrações de BPA encontradas nos seres humanos como resultado da exposição ambiental podem afetar o processo de envelhecimento das células endoteliais vasculares, uma vez que observámos uma diminuição significativa das HUCEC viáveis após exposição prolongada.

Além disso, a senescência induzida pelo stress, que tem sido associada à exposição a doses subcitotóxicas de agentes stressantes, está associada a modificações nos perfis de expressão genética (Dumont et al. 2002; Toussaint et al. 2000). Neste caso, foram selecionados quatro genes cuja transcrição é alterada na senescência replicativa, nomeadamente dois genes que codificam as principais proteínas da matriz extracelular, a osteonectina (*SPARC*) e a fibronectina (*FN1*), e dois reguladores do destino celular, *p21* e *FOS*, (Debacq-Chainiaux et al. 2008; Wagner et al. 2001). O gene apoptótico *bcl-xL* também foi avaliado, uma vez que a exposição ao BPA tem sido associada a alterações da expressão transcricional de genes relacionados com a apoptose em várias linhas celulares (Buterin et al. 2006; Naciff et al. 2010) e foi demonstrado que o aumento da morte celular programada relacionado com a idade ocorre em células HUVEC (Wagner et al. 2001). A regulação negativa observada dos genes *p21* e *bcl-xL* sugere uma menor capacidade das células envelhecidas para responder a danos, uma vez que *o p21* é um inibidor da CDK com um papel bem estabelecido na paragem do crescimento em resposta a lesões celulares (de Camé Trécesson et al. 2011; Kim et al. 2001) e *o bcl-xL* codifica uma proteína transmembranar mitocondrial com função anti-apoptótica (Michels et al. 2013).

Por último, dado que o nucléolo é uma das estruturas celulares mais frequentemente associadas a síndromes de envelhecimento prematuro humano, o gene da nucleolina (*NCL*), que codifica uma proteína multifuncional associada à biogénese do ribossoma, bem como a vários outros mecanismos reguladores do RNA com efeitos proliferativos e de sobrevivência (Abdelmohsen et al. 2012). e os níveis de transcrição do rRNA 18S foram também analisados (Puzianowska-Kuznicka e Kuznicki 2005).

Embora a exposição curta das células envelhecidas ao BPA não tenha efeitos imediatos sobre a viabilidade celular, como também relatámos para as células HUVEC jovens (Ribeiro-Varandas et al. 2013), a exposição contínua resulta numa diminuição significativa da viabilidade celular, acompanhada de uma regulação negativa significativa dos níveis de ARNm de *FOS* e 18S rDNA. *O FOS* é um componente do fator de transcrição AP-1 que regula processos celulares distintos, incluindo a proliferação, morte, sobrevivência e diferenciação celular (Hess et al. 2004) e, em condições de stress, a regulação da biossíntese de ribossomas é uma das estratégias celulares para preservar a homeostase (Boulon et al. 2010). A grande variação (desvio padrão) associada aos dados de expressão genética é de particular interesse, especialmente no que respeita aos níveis de mRNA de *SPARC* e *NLC*. Tendo em conta que os níveis de variação entre réplicas técnicas foram quase inexistentes, isto mostra que o BPA induz uma desregulação geral e não direcional da expressão genética em células senescentes. Este facto é ainda apoiado pela análise da transcrição de sequências relacionadas com L1 após exposição contínua a BPA.

Globalmente, a análise da transcrição de genes de HUVEC senescentes continuamente expostas ao BPA mostra claramente que este químico afecta o processo de envelhecimento. As HUVEC constituem um modelo *in vitro* na investigação da patogénese da aterosclerose (Khaidakov et al. 2011), uma doença intrinsecamente relacionada com a idade, na qual a senescência vascular desempenha um papel crítico (Andreassi 2008). De forma relevante, a aterosclerose tem sido relacionada tanto com a deficiente renovação das células endoteliais (Higashi et al. 2012) como com o aumento da morte celular (Van Vre et al. 2012). Além disso, vários estudos epidemiológicos indicam que o BPA circulante está correlacionado com a aterosclerose coronária e carotídea (Lind e Lind 2011; Melzer et al. 2010; Melzer et al. 2012). De um modo geral, os nossos resultados indicam que o BPA pode desempenhar um papel na indução da aterosclerose, diminuindo a capacidade de proliferação em associação com a desregulação transcricional.

5.4 Conclusão

Nos últimos anos, o bisfenol A (BPA) tem sido implicado na etiologia de várias patologias humanas e os seus efeitos têm sido amplamente estudados. No entanto, a informação atualmente disponível sobre os efeitos do BPA nos processos de envelhecimento é ainda escassa.

O presente trabalho demonstra que o BPA em baixas concentrações tem a capacidade de afetar os níveis globais de transcrição tanto em HT29 como em HUVEC. Além disso, mostramos pela primeira vez que a exposição contínua ao BPA interfere com a expressão genética e diminui severamente a viabilidade celular em células endoteliais vasculares envelhecidas. Estes resultados corroboram a correlação entre o BPA e as doenças relacionadas com a aterosclerose relatadas em estudos epidemiológicos distintos e as preocupações crescentes relativamente aos efeitos adversos da exposição ao BPA na saúde humana.

O bisfenol A, ao nível de referência, neutraliza os efeitos transcricionais da doxorrubicina nos genes relacionados com o cancro em células HT29

Margarida Delgado e **Edna Ribeiro-Varandas**. 2015. O bisfenol A ao nível de referência neutraliza os efeitos transcricionais da doxorrubicina em genes relacionados com o cancro em células HT29. *Toxicol In Vitro*, Dez;29(8):2009-14. Ambos os autores contribuíram igualmente.

6.1 Introdução

O bisfenol A (BPA) é um monómero plástico e plastificante utilizado numa vasta gama de produtos de consumo, incluindo recipientes para alimentos e bebidas, e a ingestão oral é aceite como sendo a principal via de exposição humana (Geens et al. 2012). Embora o BPA seja considerado um estrogénio de ambiente fraco devido à sua baixa afinidade com os receptores nucleares clássicos de estrogénio (ER) (Pennie et al. 1998), várias descobertas revelam que o BPA provoca respostas muito distintas através de uma variedade de vias de sinalização (Rubin 2011). O BPA tem sido intensamente estudado no que diz respeito à carcinogénese em órgãos responsivos a hormonas (Soto e Sonnenschein 2010). No entanto, um aspeto pouco investigado são as potenciais interações do BPA com fármacos quimioterapêuticos, embora existam algumas evidências dos seus efeitos contrários. Em células de cancro da mama, os efeitos anti-proliferativos de diferentes fármacos quimioterapêuticos comummente utilizados, nomeadamente a doxorrubicina (DOX), a vinblastina e a cisplatina, são antagonizados pelo BPA e associados a níveis aumentados de proteínas anti-apoptóticas (LaPensee et al. 2009; LaPensee et al. 2010).

Por outro lado, o cancro do cólon é uma das causas de morte mais comuns nos países industrializados (OMS 2014). De forma relevante, a incidência do cancro do cólon está a aumentar nos países em desenvolvimento, reflectindo mudanças na dieta (Center et al. 2009) e, da mesma forma, a exposição humana ao BPA também está a aumentar (Nahar et al. 2012). Mesmo assim, a investigação sobre os efeitos do BPA no trato intestinal tem recebido pouca atenção e está limitada a poucos estudos. Foi demonstrado que o BPA aumenta a vedação da junção apertada em células epiteliais do cólon em ratos (Braniste et al. 2010) e prejudica o efeito inibidor do estradiol na proliferação de células de adenocarcinoma do cólon DLD-1 (Bolli et al. 2010). No presente estudo, pretendemos avaliar os efeitos do BPA na linha celular de adenocarcinoma do cólon HT29 e a sua interação com a DOX. Têm sido associados efeitos celulares distintos à DOX, dependendo da concentração. As doses terapêuticas habitualmente utilizadas induzem a paragem do ciclo celular e a apoptose, enquanto as concentrações mais baixas estão associadas a perturbações mitóticas e fenótipos semelhantes à senescência (Eom et al. 2005; Park et al. 2007). Tendo isto em conta, foram ensaiadas duas concentrações de DOX: uma dose subterapêutica para a qual foi previamente comunicada a interação com o BPA (LaPensee et al. 2009) e uma concentração 100 vezes superior correspondente a um nível terapêutico (Greene et al. 1983). Embora a exposição humana ao BPA seja aceite como generalizada, o nível de exposição é uma questão de intenso debate. Em 1993, a Proteção Ambiental dos EUA indicou como Dose de Referência para Exposição Oral Crónica (RfD) para o BPA 50 µg/kg de peso corporal/dia (USEPA 2014) e em 2006 a Autoridade Europeia para a Segurança dos Alimentos definiu o mesmo valor como Ingestão Diária Tolerável (TDI) de BPA (EFSA 2014). A exposição humana ao BPA através da dieta, estimada em valores de migração, aponta para um intervalo de 0,4-4,2 µg/kg de peso corporal/dia (Geens et al. 2012) correspondendo a aproximadamente 100 a 10 vezes menos do que a TDI. Essas estimativas são compatíveis com os níveis de BPA detectados na urina, no entanto, há uma discrepância com estudos de biomonitorização que indicam a presença de BPA não metabolizado no sangue/soro humano na faixa de 2-13 nmol/l (0,5-3 ng/ml) (Vandenberg et al. 2010). Estudos humanos num número limitado de indivíduos sujeitos a exposição oral ao BPA revelam, no entanto, níveis muito mais baixos de BPA circulante (Teeguarden et al. 2011; Völkel et al. 2002; Völkel et al. 2005). Por outro lado, os estudos em primatas não humanos apontam para a necessidade de dosagens orais superiores à DDA para atingir níveis sanguíneos idênticos aos encontrados nos seres humanos (Fisher et al. 2011; Taylor et al. 2011). Outro ponto de debate na avaliação de riscos é o facto de o BPA sofrer uma extensa glucuronidação intestinal e hepática e, consequentemente, apenas uma pequena fração de BPA bioativo não metabolizado entra na corrente sanguínea. Os modelos farmacocinéticos do BPA baseiam-se numa rápida glucuronidação e depuração urinária do BPA (Edginton e Ritter 2009; Fisher et al. 2011), mas não têm em consideração a potencial desconjugação local do BPA em tecidos específicos. Foi sugerido que a desconjugação do BPA mediada pela β-glucuronidase na placenta e nos tecidos fetais contribui para uma exposição considerável do feto ao BPA livre (Ginsberg e Rice 2009). Significativamente, os níveis de β-glucuronidase extracelular estão aumentados na maioria dos microambientes de tumores sólidos devido ao processo inflamatório e à libertação lisossómica (Tranoy-Opalinski et al. 2014). Nos últimos anos, as abordagens terapêuticas que visam especificamente os tumores tiraram partido desta caraterística através do desenvolvimento de pró-fármacos glucuronídeos que são activados no microambiente rico em β-glucuronidase (Tranoy-Opalinski et al. 2014). Em contraste com outros órgãos internos, para os quais a exposição depende do BPA circulante, no trato digestivo o contacto adicional com o BPA ingerido antes da sua conjugação pode contribuir para a exposição celular global. Considerando o elevado nível de incerteza relativamente à carga de BPA nos tecidos intestinais e, em particular, nos tumores, optámos por avaliar os efeitos do BPA a uma concentração correspondente aos valores de orientação estabelecidos e considerada segura em termos de exposição humana. Além disso, os nossos resultados anteriores mostram que a linha celular de adenocarcinoma do cólon HT29 não é consideravelmente afetada pela exposição única a esta concentração de BPA em termos de proliferação celular e níveis de transcrição de genes relacionados com o ciclo celular (Ribeiro-Varandas et al. 2013).

Para a análise da transcrição de genes, foram selecionados cinco genes distintos que são geralmente reconhecidos como intervenientes-chave na biologia do cancro. Para além do gene anti-apoptótico *bcl-xl*, cuja expressão aumentada foi demonstrada como ocorrendo devido à interação BPA/DOX (LaPensee et al. 2009), foram também analisados os genes *p21, AURKA, c-fos* e *CLU*. O produto do gene *p21* é um inibidor da quinase dependente da ciclina, estreitamente ligado à progressão do ciclo celular e ao resultado do cancro (Wartel e El-Deiry

2013). *AURKA* codifica para Aurora A, uma proteína reguladora chave mitótica associada à agressividade do cancro (Nikonova et al. 2013). A proteína codificada *c-fos* é um componente do fator de transcrição activator protein-1 (AP-1) necessário para a regulação precisa de vários genes associados à proliferação celular, diferenciação, apoptose e transformação oncogénica (Durchdewald et al. 2009). *O CLU* codifica a clusterina, uma proteína multifuncional que tem sido implicada tanto na promoção da carcinogénese como na supressão de tumores (Mazzarelli et al. 2009; Pucci et al. 2009). Para além da análise da transcrição de genes, foi também realizada uma avaliação citológica da apoptose e da perturbação mitótica, bem como ensaios de viabilidade celular para avaliar potenciais interações BPA/DOX.

6.2 Resultados

6.2.1 O BPA ao nível de referência aumenta a transcrição de bcl-xl.

Os níveis de transcrição foram analisados para os genes relacionados com o cancro *c-fos*, *AURKA*, *p21*, *bcl-xl* e *CLU* em células HT29 expostas ao BPA a uma concentração correspondente ao nível de TDI (4,4 μM) durante 48 h. A Figura 1A mostra que a exposição ao BPA não alterou os níveis de ARNm dos genes *c-fos*, *AURKA*, *p21* e *CLU*. Por outro lado, após a exposição ao BPA, foi detectada uma regulação positiva do gene antiapoptótico *bcl-xl* correspondente à duplicação do transcrito em relação ao controlo (log2 fold change 1,1 ± 0,68).

6.2.2 O BPA não afecta as alterações da expressão genética induzidas pela baixa concentração de DOX.

A exposição das células HT29 apenas à DOX numa concentração subterapêutica (40 nM) durante 24 horas revelou um efeito claro nos níveis de transcrição de genes distintos. Embora os genes *AURKA* e *p21* não tenham sido afectados pela DOX, os níveis de *c-fos*, *bcl-xl* e *CLU* foram significativamente alterados (Figura 1B). O nível de transcrição de *CLU* foi fortemente aumentado (log2 fold change 2,84 ± 0,12) pela DOX 40 nM, ao passo que *c-fos* apresentou uma grave regulação negativa (log2 fold change -4,73 ± 0,35) que também foi patente para *bcl-xl*, embora em menor grau (log2 fold change -1,96 ± 0,32).

A exposição combinada a BPA 4,4 μM e DOX 40 nM, correspondente a 24 h de pré-exposição apenas a BPA, seguida de 24 h adicionais de exposição simultânea a BPA e DOX, resultou em padrões de transcrição de genes alterados em relação ao controlo, mas semelhantes aos obtidos apenas para DOX 40 nM (Figura 1B).

6.2.3 As alterações da expressão genética induzidas pela DOX em concentração terapêutica são revertidas pelo BPA.

A exposição das células HT29 à concentração terapêutica de DOX (4 μM) durante 24 h resultou numa variação significativa em relação ao controlo para quatro dos cinco genes analisados; apenas a transcrição do gene *bcl-xl* não foi visivelmente alterada (Figura 1C). *c-fos* foi significativamente regulado para baixo (log2 fold change 3,01 ± 0,40), enquanto *AURKA*, *p21* e *CLU* foram regulados para cima, com um aumento particularmente proeminente para as transcrições do gene *CLU* (Log2 fold change de 1,53 ± 0,36, 2,05 ± 1,09 e 5,99 ± 0,18 para *AURKA*, *p21* e *CLU*, respetivamente). De forma surpreendente, a pré-exposição ao BPA (4 μM) durante 24 horas e a subsequente exposição combinada de 24 horas ao BPA e à DOX a uma concentração terapêutica (4 μM) resultaram em alterações significativas na transcrição de todos os genes

genes analisados em relação à DOX 4 µM sozinha (Figura 1C). Uma reversão dos efeitos induzidos pela concentração terapêutica de DOX foi observada com a exposição combinada de BPA. Os quatro genes (*c-fos*, *AURKA*, *p21* e *CLU*) para os quais a transcrição foi alterada pela DOX 4 µM, apresentaram níveis de transcrição idênticos aos observados no controlo após exposição a BPA/DOX 4 µM. Apenas para o *bcl-xl* não foi observada uma variação importante entre DOX 4 µM isoladamente e BPA/DOX 4 µM ou entre ambos os tratamentos e o controlo (log2 fold change -0,7 ± 0,51 e 0,51 ± 0,29 para DOX 4 µM e BPA/DOX 4 µM, respetivamente).

6.2.4 As concentrações subterapêuticas e terapêuticas de DOX têm efeitos diferentes na transcrição dos genes.

Análises comparativas apenas da exposição à DOX sobre os níveis de transcrição gênica revelaram diferenças significativas nos efeitos de ambas as concentrações de DOX testadas para todos os genes analisados (p<0,001 para cada gene entre DOX 40 nM e DOX 4 µM) (Figura 1B e C). Para a concentração mais baixa de DOX (40 nM), a transcrição *de bcl-xl* foi significativamente reduzida em relação ao controlo, mas não foi detectada qualquer alteração relevante para a concentração mais elevada (4 µM). Pelo contrário, tanto *a AURKA* como *a p21* foram significativamente reguladas por cima para a concentração mais elevada de DOX, sem qualquer efeito considerável para a concentração mais baixa. O nível de transcrição *de c-fos* foi reduzido em ambas as concentrações, mas muito mais fortemente para DOX 40 nM. Ambas as concentrações de DOX conduzem a um aumento do nível de transcrição *de CLU*, mas muito mais pronunciado para DOX 4 µM.

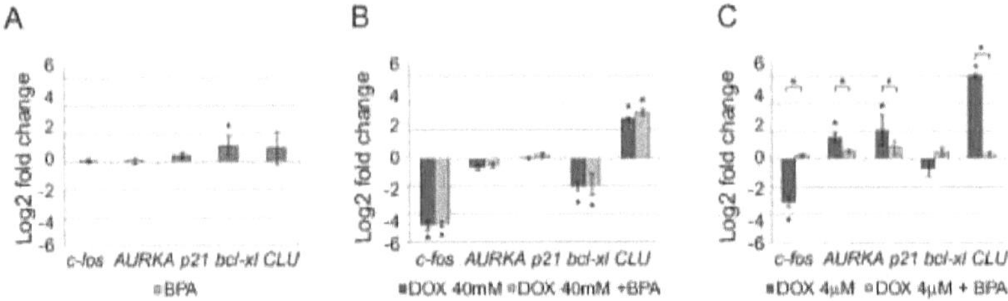

Figura 1 - Efeito do BPA na transcrição de genes em HT29. Análise da transcrição dos genes *c-fos*, *AURKA*, *p21 bcl-xl* e *CLU* após exposição a (**A**) BPA 4,4 µM, (**B**) DOX 40 nM isoladamente e em combinação com BPA e (**C**) DOX 4 60µM isoladamente e em combinação com BPA. Os resultados são mostrados como média média log2 fold change ± desvio padrão. * p < 0,0001 para o teste t de Student para comparação entre tratamentos e controlo ou entre tratamentos distintos (indicados por parênteses horizontais).

6.2.5 O BPA diminui a apoptose induzida pela DOX sem efeitos imediatos na viabilidade celular.

Considerando que o efeito da DOX na apoptose depende da concentração e dos resultados diferenciais obtidos entre tratamentos para os níveis de transcrição *de bcl-xl*, foi efectuada uma avaliação da apoptose através do ensaio TUNEL. As células positivas para TUNEL estavam virtualmente ausentes após a exposição apenas ao BPA ou a 40 nM DOX, isoladamente ou em combinação com o BPA. Por outro lado, 4 μM DOX e BPA/DOX 4 μM resultaram na formação de corpos apoptóticos TUNEL positivos típicos (Figura 2A). No entanto, a comparação da frequência de corpos apoptóticos entre 4 μM DOX e BPA/DOX 4 μM revelou uma redução ligeira, mas significativa, associada à exposição combinada de BPA/DOX (Figura 2B).

Os efeitos na viabilidade celular foram avaliados através do ensaio da resazurina imediatamente após os tratamentos, bem como após 72 horas de recuperação em meio padrão. Não foi detectada qualquer variação significativa na viabilidade celular entre os tratamentos e o controlo imediatamente após a exposição (dados não apresentados). Os resultados obtidos para todos os tratamentos após a recuperação em meio isento de fármacos são apresentados na Figura 3, expressos em percentagem em relação ao controlo. Não foram detectadas diferenças significativas na viabilidade celular associadas à exposição apenas ao BPA ou à concentração mais baixa de DOX (40 nM), quer isoladamente quer em combinação com o BPA. Por outro lado, foi detectada uma forte diminuição da viabilidade celular nas células expostas à concentração mais elevada de DOX (4 μM), quer como exposição única quer em combinação com BPA, sem diferença significativa entre os dois tratamentos.

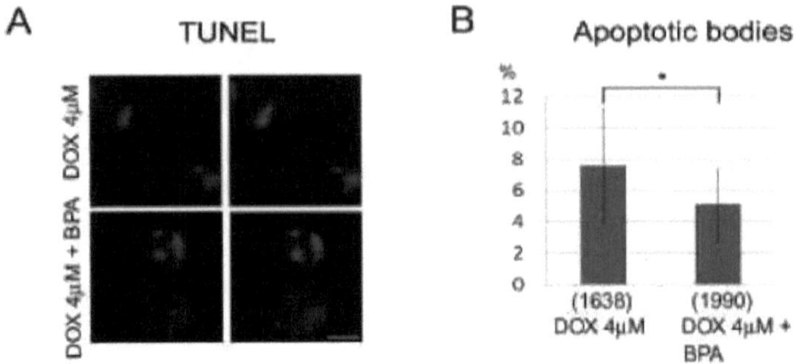

Figura 2 - O BPA diminui os corpos apoptóticos induzidos pela DOX. **(A)** Núcleos positivos para TUNEL (verde) após exposição a DOX 4 µM sozinho e após exposição combinada de BPA / DOX 4 µM, imagens mescladas com coloração de DNA DAPI (azul) são mostradas à direita, barra = 5 µm. **(B)** Percentagem de corpos apoptóticos após exposição a DOX 4 µM e BPA/DOX 4 µM. O número total de células analisadas é mostrado entre parênteses. * $p < 0,05$ para o teste t de Student entre os tratamentos.

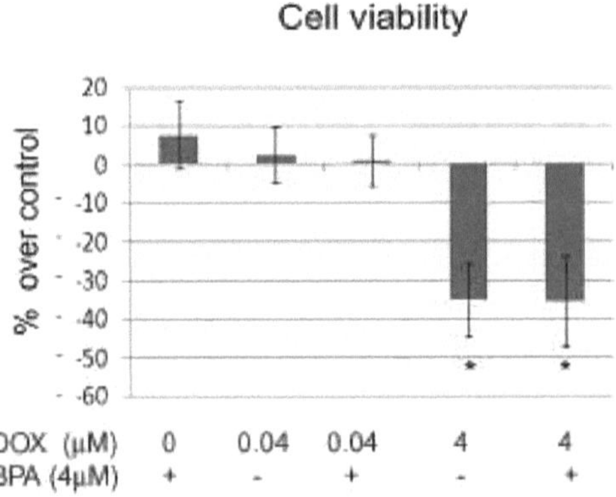

Figura 3 - O efeito da DOX na viabilidade celular não é afetado pela co-exposição com BPA. Viabilidade celular após 72 h de recuperação em meio livre de fármacos após exposição a BPA, DOX (40 nM ou 4 µM) e co-exposição BPA/DOX (40 nM ou 4 µM). Os resultados são apresentados como percentagem de variação em relação ao controlo, * $p < 0,01$ para o teste t de Student em relação ao controlo.

6.2.6 O BPA não afecta a perturbação mitótica induzida pela DOX.

A perturbação mitótica foi também avaliada através de análise citológica após coloração com DNA DAPI imediatamente após os tratamentos. O índice mitótico foi determinado para todas as condições testadas. A exposição à DOX 4 µM, isoladamente ou em combinação com BPA, resultou na paragem do ciclo celular reflectida pela ausência completa de células mitóticas (Figura 4A). Por outro lado, não foi detectada nenhuma diferença significativa no índice mitótico em relação ao controlo para o BPA 4,4 µM isolado. Por outro lado, foi observada uma redução na percentagem de células mitóticas após a exposição a DOX 40 nM e de forma idêntica para BPA/DOX 40 nM (Figura 4A). A quantificação das células mitóticas anormais revelou, além disso, um aumento em relação ao controlo associado à exposição a BPA, DOX 40 nM e BPA/DOX 40 nM. As anomalias mitóticas foram ainda caracterizadas de acordo com o fenótipo observado como metáfases multipolares, pontes de anáfase e cromossomas atrasados (ou fragmentos de cromossomas) (Figura 4B, i, ii e iii). É interessante notar que a proporção relativa destes tipos de anomalias mitóticas foi distinta entre os tratamentos (Figura 4B). Apenas para a exposição ao BPA predominaram as metáfases multipolares (79,4%), as pontes de anáfase também foram frequentes (20,6%), mas não foram detectados cromossomas atrasados. Por outro lado, para a exposição à DOX 40 nM, isoladamente ou em combinação com BPA, as pontes de anáfase foram predominantes (83,9% e 80,0%, para DOX 40 nM e BPA/DOX 40 nM, respetivamente), embora também tenham sido detectadas algumas metáfases multipolares (12,9% e 17,1%) e poucos fragmentos de cromossomas (3,2% e 2,9%).

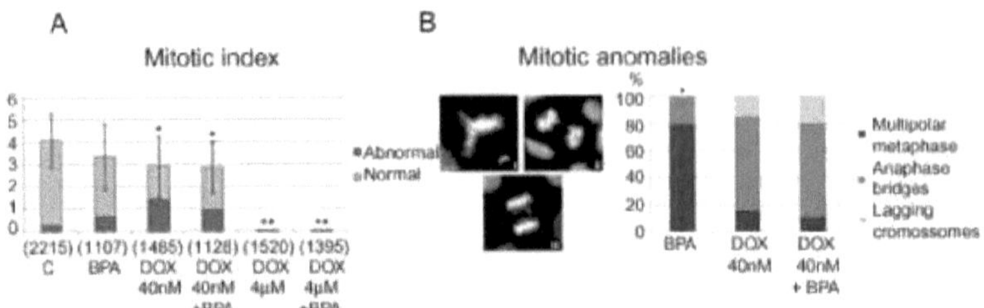

Figura 4 - A perturbação mitótica induzida pela DOX não é afetada pelo BPA. **(A)** Índice mitótico e anomalias mitóticas em meio de controlo e após exposição a BPA, DOX 40 nM e DOX 4 µM isoladamente ou co-exposição a BPA/DOX (40 nM ou 4 µM). * $p < 0,01$ e ** $p < 0,001$ para o teste t de Student em relação ao controle, o número total de células analisadas é mostrado entre parênteses. **(B)** Quantificação de anomalias mitóticas distintas associadas às exposições a DOX, BPA e BPA/DOX combinados. As células mitóticas anómalas coradas com DAPI são mostradas à esquerda: (i) metáfase multipolar, (ii) pontes de anáfase e (iii) cromossomas atrasados, barra = 5 µm. O gráfico da direita mostra a percentagem relativa dos diferentes tipos de anomalias mitóticas. Foram analisadas pelo menos 50 mitoses anómalas para cada tratamento, * $p < 0,0001$ para o teste χ^2 para a exposição isolada a BPA em relação a DOX 40 nM e BPA/DOX 40 nM.

6.3 Discussão

O presente estudo mostra que o BPA ao nível de referência (TDI) provoca respostas celulares muito distintas nas células de adenocarcinoma do cólon HT29 quando combinado com DOX a baixa concentração (nível subterapêutico) ou quando combinado com DOX a alta concentração (nível terapêutico). A exposição isolada ao BPA não altera a viabilidade celular, mas induz uma ligeira regulação positiva do gene anti-apoptótico *bcl-xl.* Foi demonstrado anteriormente que o BPA aumenta a expressão de genes anti-apoptóticos em células de cancro da mama e do ovário, embora em concentrações mais baixas e associado a um aumento da proliferação celular (LaPensee et al. 2009; Ptak et al. 2011). Por outro lado, demonstrámos anteriormente que o BPA a nível de TDI, bem como a uma concentração inferior compatível com as encontradas em humanos, não altera a proliferação celular de HT29, mas também de células endoteliais primárias da veia umbilical humana (HUVEC) (Ribeiro-Varandas et al. 2013). No entanto, a análise da transcrição de genes relacionados com o ciclo celular revelou que as HT29 são menos sensíveis ao BPA do que as HUVEC, independentemente da concentração de BPA, embora ambos os tipos de células sejam ERβ positivos e as HT29 expressem adicionalmente o recetor de estrogénio 1 acoplado à proteína G ligado à membrana (Ribeiro-Varandas et al. 2013). Por conseguinte, a indução de *bcl- xl* pelo BPA nas células HT-29 sugere que esta é uma caraterística comum da resposta celular à exposição ao BPA, independentemente do seu efeito positivo na proliferação celular.

A DOX desencadeia a apoptose em doses terapêuticas típicas, mas não em concentrações mais baixas (Eom et al. 2005; Park et al. 2007). Num carcinoma hepatocelular, foi demonstrado que a concentração elevada de DOX (20 µM) conduz à apoptose, ao passo que a concentração baixa de DOX (100 nM) induz um fenótipo semelhante à senescência e uma catástrofe mitótica (Eom et al. 2005). Também foi demonstrado que a expressão excessiva de *bcl-xl* não bloqueia os efeitos da DOX em doses baixas, mas prejudica a apoptose induzida por concentrações elevadas de DOX (Park et al. 2007). Aqui mostramos que a DOX subterapêutica (40 nM) induz uma regulação negativa de *bcl-xl* e um aumento das anomalias mitóticas nas células HT29, mas não a ocorrência de corpos apoptóticos, sem efeitos na viabilidade celular. A concentração de DOX 40 nM também induz uma forte desregulação de *c-fos*. *C-fos* é um membro do complexo do fator de transcrição AP-1 que demonstrou promover a transcrição *de bcl-xl* (Salameh et al. 2010). Estas observações indicam que, também nas células HT29 do adenocarcinoma do cólon, a DOX a baixa concentração induz a rutura mitótica, mas não a apoptose.

Por outro lado, os presentes resultados também mostram que a exposição de HT29 a uma concentração elevada de DOX (4 µM) resulta na diminuição da viabilidade celular e na indução de apoptose, sem alteração significativa no nível de mRNA de *bcl-xl*. No entanto, essa concentração de DOX induz alterações transcricionais marcantes nos outros quatro genes analisados. *O C-fos* é regulado negativamente, tal como na concentração baixa de DOX, embora em menor grau. Por outro lado, os níveis de ARNm de *AURKA* e *p21* são aumentados pela DOX 4 µM, o que é compatível com a indução observada de paragem do ciclo celular. Sabe-se que a DOX em concentrações elevadas induz o bloqueio G2/M através da indução de *p21* em várias linhas celulares (Bar-On et al. 2007; Kim et al. 2009; Lee et al. 2005; Malugin et al. 2007; Venkatakrishnan et al. 2008), o que se correlaciona com o aumento do ARNm *da AURKA*, uma vez que a transcrição *da AURKA* atinge o pico na fase G2/M do ciclo celular (Tanaka et al. 2002). A sensibilidade das células à DOX está correlacionada com o facto de o nível de indução *de p21* ser mais elevado nas células com *p53* funcional, mas também ocorre nas células HT29 que são portadoras de uma mutação *da p53* através de uma via independente (Ravizza et al. 2004).

O presente trabalho demonstra ainda que a mesma concentração de BPA, correspondente ao nível de TDI, tem resultados de interação muito distintos com a DOX em dosagens subterapêuticas e terapêuticas. A resposta das células HT29 à baixa concentração de DOX não é alterada pela co-exposição com BPA, nem ao nível da transcrição de genes, nem da viabilidade celular, nem da perturbação mitótica. Já demonstrámos anteriormente em células HUVEC que a exposição ao BPA por si só conduz a anomalias do fuso e à formação de metáfases multipolares (Ribeiro-Varandas et al. 2013). Os presentes resultados mostram também uma predominância de metáfases multipolares em células HT29 expostas apenas a BPA. Este efeito é, no entanto, mascarado pela co-exposição com DOX 40 nM, uma vez que o tipo de anomalias mitóticas é idêntico ao da DOX 40 nM isolada, com predominância de pontes de anáfase.

Mais importante ainda, os presentes resultados mostram que o BPA a nível de TDI neutraliza os efeitos da dose terapêutica de DOX na expressão de genes na linha celular de adenocarcinoma do cólon HT29 sem efeitos a curto prazo na viabilidade celular. Embora a co-exposição com BPA esteja associada a uma diminuição das células apoptóticas, não altera a paragem do ciclo celular induzida pela DOX 4 µM ou a perda de viabilidade celular após a remoção do fármaco. A ligeira redução de células apoptóticas pode não ter um impacto direto na viabilidade celular global e este efeito de BPA/DOX 4 µM pode estar relacionado com um pequeno incremento no nível de ARNm de *bcl-xl* em relação apenas à DOX, embora a diferença no nível de transcrição esteja abaixo do limiar estabelecido que corresponde a uma alteração de 2 vezes. Mais intrigante é, no entanto, o facto de a paragem celular induzida pela DOX 4 µM não ser alterada pela exposição combinada com BPA, embora os níveis de transcrição de *p21* e *AURKA* estejam gravemente diminuídos em relação à DOX 4 µM isolada. Para a combinação BPA/DOX, os níveis de ARNm de *p21* e *AURKA* estão ligeiramente acima do controlo, mas este aumento é inferior ao limiar de alteração de 2 vezes. Se, no caso da DOX 4 µM isolada, a paragem do ciclo celular observada pode ser diretamente associada à indução de *p21*, é mais difícil compreender que se obtenha um resultado idêntico para o nível muito mais baixo de *p21* detectado após a co-exposição a BPA/DOX e que este seja também acompanhado por uma diminuição da transcrição *de AURKA* em relação à DOX isolada.

Significativamente, o efeito neutralizador do BPA da DOX 4 µM na expressão de genes não se limita aos genes relacionados com o ciclo celular *p21* e *AURKA*, mas também é observado para o componente do fator de transcrição AP-1 *c-fos*, bem como para *CLU*, que codifica uma proteína multifuncional. É de salientar que, independentemente da regulação positiva ou negativa induzida pela DOX, os níveis de transcrição destes quatro genes após a exposição combinada ao BPA e à DOX são semelhantes aos do controlo. Pode argumentar-se que a desregulação da transcrição de componentes de factores de transcrição como o *c-fos* pode resultar na desregulação de outros genes. Foi sugerido que *c-fos* actua como repressor transcricional de *CLU* (Jin e Howe 1999) e os níveis de *c-fos* e *p21* também demonstraram estar inversamente correlacionados em células epiteliais do cólon associadas a stress oxidativo prolongado (Poehlmann et al. 2013). Isso levanta a hipótese de que a restauração para níveis próximos ao controle dos níveis de mRNA de *p21* e *CLU* na combinação BPA / DOX 4 µM poderia resultar do efeito na transcrição *de c-fos*. No entanto, uma questão fundamental permanece sem resposta: como é que o BPA altera a desregulação dos factores de transcrição induzida pela DOX? A compreensão do mecanismo subjacente a esta interação entre o BPA e a DOX está fora do âmbito deste trabalho, mas é certamente um problema muito importante e complexo. Os mecanismos de ação do BPA *per se* ainda não são totalmente compreendidos e, embora o BPA seja geralmente caracterizado como um xenoestrogénio, há cada vez mais evidências de que pode afetar uma variedade de vias celulares não necessariamente mediadas por receptores de estrogénio clássicos (Rubin 2011). No entanto, o presente trabalho demonstra que o BPA altera a resposta transcricional à concentração terapêutica de DOX de quatro genes para os quais existe uma vasta literatura que estabelece as suas funções-chave na biologia do cancro. A título de exemplo, vale a pena referir algumas das investigações mais recentes sobre o cancro do cólon. Em células estaminais do cancro do cólon, foi demonstrado que o knockdown de *c-fos* por siRNA resulta na regulação positiva de outros factores de transcrição, nomeadamente NANOG, OCT3/4 e SOX2, com papéis importantes na manutenção da pluripotência e auto-renovação celular (Apostolou et al. 2013). Numa abordagem distinta, um estudo epidemiológico que envolveu 386 doentes com cancro do cólon em estádio II e III revelou que a sobrevivência livre de doença após a ressecção cirúrgica está positivamente relacionada com níveis elevados de *p21* e níveis baixos de *AURKA* e que, para os cancros em estádio III com sobreexpressão *de AURKA*, a recorrência é potenciada pela quimioterapia (Belt et al. 2012). Por outro lado, *a CLU* tem recebido especial atenção devido à sua implicação na progressão do cancro, no prognóstico e na quimiorresistência (Mazzarelli et al. 2009; Pucci et al. 2009). Curiosamente, foi recentemente demonstrado que a sinalização ERβ pode aumentar indiretamente os níveis de mRNA *da CLU* através da regulação do miRNA (Edvardsson et al. 2013). A carcinogénese, a progressão do cancro, a resposta ao tratamento e o resultado da doença dependem, sem dúvida, dos padrões de expressão genética das células malignas. Os presentes resultados demonstram que a resposta da transcrição de genes à DOX pode ser alterada pelo BPA, enfatizando a necessidade de abordar os efeitos das interações do BPA em termos de avaliação dos riscos para a saúde humana.

6.4 Conclusão

Em geral, os dados aqui apresentados revelam que o BPA pode alterar o efeito da DOX nos níveis de transcrição de genes cruciais envolvidos na biologia do cancro. Além disso, a capacidade de interação do BPA com a DOX depende da concentração de DOX e, por conseguinte, dos processos celulares afectados pela DOX, com efeitos de interação evidentes limitados à concentração terapêutica relevante de DOX. Embora não tenhamos detectado quaisquer diferenças na viabilidade celular associadas à interação BPA/DOX, não podem ser excluídas consequências a longo prazo no destino das células. Em conjunto, os resultados aqui apresentados revelam claramente que é essencial ter em conta os efeitos das interações na avaliação dos riscos do BPA, particularmente no contexto da quimioterapia.

Citotoxicidade do extrato etanólico *de Eupatorium cannabinum L.* contra células cancerosas do cólon e interações com Bisfenol A e Doxorrubicina

Edna Ribeiro-Varandas, Ressureição F, Viegas W, Delgado M. 2014. Citotoxicidade do extrato *de Eupatorium cannabinum L.* contra células de cancro do cólon e interações com Bisfenol A e Doxorrubicina. BMC Complementary and Alternative Medicine. 14:264.

7.1 Introdução

O Eupatorium cannabinum L., vulgarmente conhecido como cânhamo e agrimónia, é uma planta herbácea perene robusta da família Asteraceae, a única espécie do género Eupatorium que se encontra na Europa e que também ocorre no Norte de África e na Ásia (Schmidt e Schilling 2000). *O E. cannabinum* é utilizado há muito tempo para fins medicinais, tendo sido referido por gregos e romanos, bem como pelo médico persa medieval Aviccena, para o que também é conhecido como Eupatorium de Aviccena, e mais tarde pelo pioneiro renascentista português em medicina tropical Garcia da Orta (1563). Atualmente, o cânhamo-agrimónio é utilizado nas medicinas tradicionais chinesa (Fu et al. 2002) e indiana (Roeder e Wiedenfeld 2013), bem como na medicina natural dos países ocidentais (Kozel 1982), com indicações terapêuticas muito diversas, incluindo doenças semelhantes à gripe (Jaric et al. 2007), hipertensão (Fu et al. 2002; Jaric et al. 2007; Roeder e Wiedenfeld 2013) e como agente antitumoral (Roeder e Wiedenfeld 2013). Os extractos de *E. cannabinum* foram previamente caracterizados, revelando a presença de sesquiterpenos (Rucker et al. 1997), alcalóides pirrolizidínicos (Boppre et al. 2008; Fu et al. 2002), bem como vários compostos fenólicos (Chen et al. 2011; Zhang et al. 2008).

Verificou-se que os sesquiterpenos constituem uma fração importante (43,3%) do óleo essencial das partes aéreas de *E. cannabinum* (Paolini et al. 2005), sendo a eupatoriopicrina o componente principal (Rucker et al. 1997). A eupatoriopicrina foi associada à indução de danos no ADN no tumor da ascite de Ehrlich (Woerdenbag et al. 1989b), bem como à atividade citostática e às propriedades de inibição do crescimento tumoral no carcinoma do pulmão de Lewis e no fibrossarcoma FIG26, tanto *in vitro* como *in vivo* (Woerdenbag et al. 1989a).

Os alcalóides pirrolizidínicos estão geralmente associados à genotoxicidade e a actividades tumorigénicas (Fu et al. 2004), no entanto os isómeros intermedina e licopsamina identificados na *E. cannabinum* têm baixa potência genotóxica (Chen et al. 2010) e a licopsamina demonstrou não ser tumorigénica em ratos (Xia et al. 2013). Além disso, os compostos fenólicos identificados nesta planta foram descritos como tendo efeitos anti-inflamatórios (Chen et al. 2011), anti-parasitários (Sulsen et al. 2007), bem como efeitos anti-proliferativos em várias linhas celulares (Forgo et al. 2012). Em particular, os efeitos citotóxicos da jaceosidina foram demonstrados em células endometriais normais e cancerígenas (JG Lee et al. 2013) e a hispidulina demonstrou inibir eficazmente o crescimento de células cancerígenas gástricas (Yu et al. 2013) e células de carcinoma hepático sem efeito tóxico significativo em células hepáticas normais (Gao et al. 2013).

Embora os efeitos de componentes específicos dos extractos *de Eupatorium cannabinum L.* tenham sido descritos, os efeitos celulares dos extractos completos não foram, até agora, investigados. Assim, aqui avaliámos os efeitos de diferentes concentrações do extrato etanólico *de Eupatorium cannabinum L.* (EcEE) na linha celular de cancro do cólon HT29.

Além disso, também analisámos as suas interações com o composto fenólico sintético bisfenol A (BPA), bem como com o agente quimioterapêutico Doxorrubicina (DOX). A exposição humana ao BPA é considerada generalizada na população comum e os seus efeitos adversos na saúde são objeto de intensa investigação (Vandenberg et al. 2009; Vandenberg et al. 2010). Por outro lado, a DOX é um agente quimioterapêutico comum utilizado no tratamento de uma variedade de cancros aos quais pode surgir resistência celular (Doublier et al. 2008; Riganti et al. 2009). Os constituintes das plantas são uma fonte importante de compostos bioactivos e várias plantas foram investigadas com o objetivo de identificar potenciais efeitos sinérgicos com a DOX (revisto em (Kapadia et al. 2013).

7.2 Resultados

7.2.1 O extrato etanólico de *E. cannabinum* diminui a viabilidade das células HT29.

A avaliação da viabilidade celular foi realizada para testar os potenciais efeitos citotóxicos do extrato etanólico *de E. cannabinum* (EcEE) nas células HT29. Para isso, foi utilizado o ensaio CellTiter-Blue e os efeitos de diferentes concentrações de EcEE (0,5 µg/ml, 5 µg/ml, 25 µg/ml e 50 µg/ml) foram avaliados após 24 h, 48 h e 96 h de exposição (Figura 1-A). A maior concentração de EcEE (50 µg/ml) resultou em grave diminuição da viabilidade celular após 24 h de exposição e perda completa da viabilidade nos pontos de tempo subsequentes analisados (48 h e 96 h). Por outro lado, nenhuma diminuição na viabilidade celular foi detectada após 24 h ou 48 h para as concentrações mais baixas de EcEE, e um ligeiro aumento na fluorescência foi observado após 24 h e 48 h para 25 µg/ml de EcEE. No entanto, após 96 h de exposição, foram detectadas diminuições significativas na viabilidade celular para as três concentrações mais baixas de EcEE e, particularmente, para 25 µg/ml de EcEE (-18,89%, -14,55% e -73,25% para 0,5 µg/ml, 5 µg/ml e 25 µg/ml, respetivamente). Em conjunto, esses resultados indicam efeitos mais graves após exposição prolongada. Isso é ainda demonstrado pelos valores de IC50 de 46,75, 44,64 e 13,38 µg/ml para 24, 48 e 96 h, respetivamente. Para detetar possíveis efeitos diferidos da exposição ao EcEE, a viabilidade celular também foi avaliada após 72 h de recuperação em meio de cultura padrão (Figura 1-B), revelando uma diminuição severa exclusivamente para 48 h de exposição a 25 µg/ml de EcEE (-75,59%). Para melhor compreender os efeitos do EcEE imediatamente após 48 h de exposição, foi efectuada uma análise da transcrição de genes para três genes associados à proliferação, nomeadamente nucleolina (*NCL), p21* e *FOS* (Figura 1-C). À semelhança dos resultados de viabilidade celular, não foram detetadas diferenças significativas nos níveis de transcrição após 48 h de exposição a concentrações de EcEE iguais ou inferiores a 5 µg/ml. Por outro lado, a exposição a 25 µg/ml de EcEE resultou em diferenças significativas nos níveis de mRNA de todos os três genes, correspondendo à regulação para baixo de *NCL* e *FOS* (Log2 fold change = -0,813 ± 0,248 e -0,741 ± 0,078, respetivamente), e regulação para cima de *p21* (Log2 fold change = 1,393 ± 0,128). A avaliação da morfologia das colónias foi efectuada imediatamente após os tratamentos com ECEA através da coloração com DAPI. Novamente, alterações significativas na morfologia da colônia foram detectadas após a exposição a 25 µg/ml EcEE por 48 h, evidente como células sendo mais dispersas mostrando um achatamento de agregados celulares em comparação com controles sem efeito detetável para 5 µg/ml EcEE (Figura 1-D) ou 0.5 µg/ml EcEE (não mostrado).

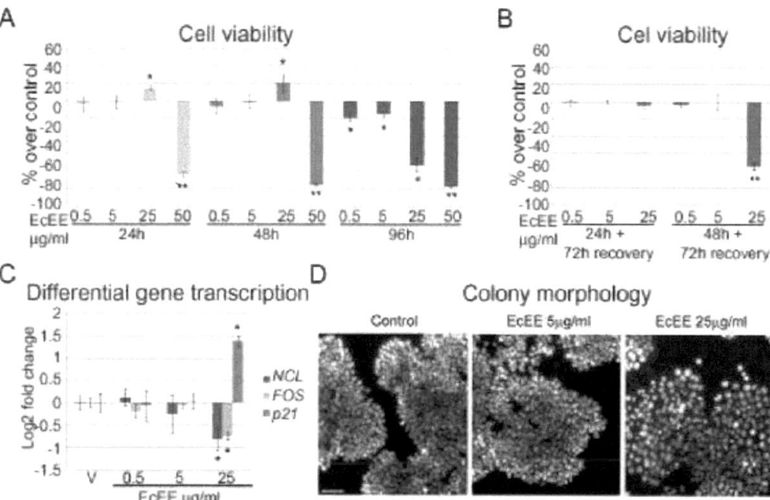

Figura 1 - Os EcEE afectam a viabilidade e a proliferação celular (A) Viabilidade celular após 24 h, 48 h e 96 h de exposição a concentrações distintas de EcEE e (B) após 72 h de recuperação em meio sem EcEE após tratamentos de 24 h e 48 h. Os resultados são apresentados em percentagem em relação ao controlo, $^{**}p<0,0001$ e $^{*}p<0,01$. (C) Transcrição diferencial de NCL, FOS e p21 após 48 h de exposição a concentrações distintas de EcEE. Os resultados são apresentados como alteração média log2 fold ($2^{-\Delta\Delta Ct}$) ± desvio padrão em relação ao controlo, $^{*}p<0,0001$. (D) Colônias HT29 coradas com DAPI após 48 h em meio de controle e meio suplementado com EcEE 5 µg/ml ou EcEE 25 µg/ml. Todas as imagens têm ampliação idêntica, barra = 50 µm.

7.2.2 O extrato etanólico de *E. cannabinum* induz alterações na estrutura nuclear e perturbações mitóticas.

Uma análise citológica detalhada foi realizada para concentrações de 0.5 µg/ml, 5 µg/ml e 25 µg/ml de EcEE após 48 h de exposição e novamente alterações nucleares significativas foram observadas exclusivamente para 25 µg/ml de EcEE (Figura 2- A). Isso era óbvio como a ocorrência proeminente de micronúcleos e núcleos altamente condensados (picnose) espalhados por agregados celulares, bem como núcleos fragmentados (cariorrexe), revelando danos nucleares irreversíveis. Além disso, o ensaio TUNEL mostrou que a indução de quebras de DNA também ocorreu após 48 h de exposição a 25 µg/ml de tratamentos EcEE, embora em um nível muito mais baixo do que as anormalidades nucleares, já que muitos dos núcleos anormais não eram TUNEL positivos e em núcleos positivos a marcação era esparsa (Figura 2-B). Para as duas concentrações mais baixas de EcEE (0,5 e 5 µgZmi) não foram detectados núcleos positivos para TUNEL (não mostrado), como observado para o controlo. É importante ressaltar que a análise transcricional por qRT-PCR do gene anti-apoptótico *bcl-xl* revelou que a exposição ao EcEE induziu uma regulação significativa desse gene não apenas a 25 µgZml (Log2 fold change = 0,528 ± 0,243), mas também a 5 µgZml, embora em menor grau (Log2 fold change = 0,158 ± 0,067) (Figura 2-C). A quantificação da área nuclear dos núcleos não picnóticos e não fragmentados corados com DAPI mostrou um aumento significativo deste parâmetro em relação ao controlo para as células expostas a 25 µgZml de EcEE, mas não para as concentrações mais baixas de EcEE (não mostrado). O incremento na área nuclear após 48 h de exposição a 25 µgZml EcEE correspondeu em média a 48,8% ($n > 70$ para cada condição de crescimento, $p < 0,0001$ para 25 µgZml EcEE em relação ao controle) e foi acompanhado por um evidente aumento na área celular revelado pela imunodetecção de α-tubulina (Figura 2-D). Além disso, o enriquecimento evidente da cromatina na histona H3 acetilada na lisina 9 (H3K9ac) foi detectado também para 48 h 25 µgZml EcEE (Figura 1-E), enquanto nenhuma alteração foi observada para 0.5 µgZml ou 5 µgZml EcEE (não mostrado). Os efeitos da exposição ao EcEE foram ainda avaliados em células mitóticas após a coloração com DAPI. Não foi observada uma variação significativa no índice mitótico entre o controlo, o veículo e o EcEE, independentemente da concentração testada (variando entre 4,57 e 5,94). Por outro lado, embora as anomalias mitóticas, em particular as metáfases e anáfases multipolares, sejam uma caraterística comum das células HT29 e, por conseguinte, observadas tanto no controlo como no veículo (6,67% e 11,76% após 24 h; 6,38% e 10,67% após 48 h, para o controlo e o veículo, respetivamente), a percentagem de mitoses anormais aumentou após a exposição a todas as concentrações de EcEE (Figuras 3-A e 3-B). Embora um ligeiro aumento da mitose anormal já fosse detetável para 0,5 µgZml de EcEE, este efeito foi maior para 5 µgZml de EcEE (41% e 44% após 24 h ou 48 h, respetivamente). Após a exposição a 25 µgZml de EcEE, a maioria das células mitóticas apresentou anormalidades (80% e 63% após 24 e 48 h, respetivamente). Embora a frequência de mitoses anormais tenha sido maior após 24 h na concentração mais elevada de EcEE, estes resultados indicam claramente que o EcEE induz perturbações mitóticas de uma forma dependente da dose. Curiosamente, a análise de qRT-PCR revelou uma regulação negativa significativa de *AURKA* (Log2 fold change = -0,938 ± 0,146), um gene que codifica uma proteína chave para a segregação mitótica dos cromossomas.

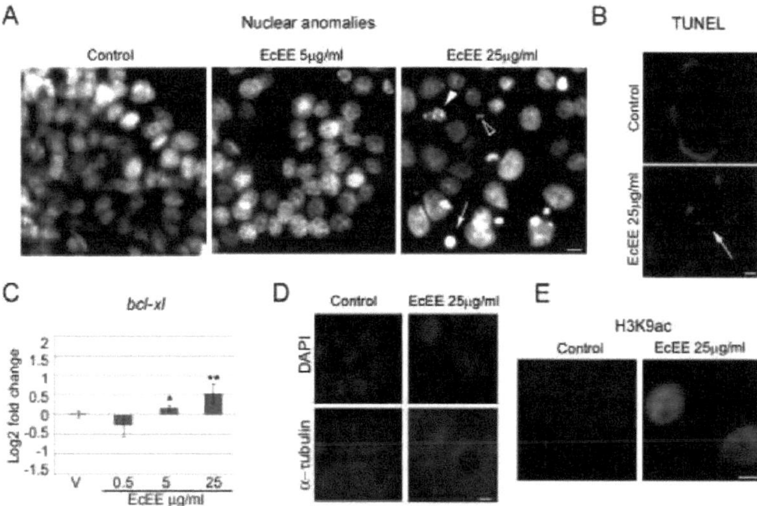

Figura 2 - A organização nuclear é perturbada após 48 h de exposição a EcEE 25 µg/ml (A) Células HT29 em interfase coradas com DAPI. Anomalias nucleares, nomeadamente picnose (seta), micronúcleos (cabeça de seta aberta) e cariorrexe (cabeça de seta) são detectáveis apenas para 25 µg/ml EcEE. A falta de efeitos induzidos por concentrações mais baixas de EcEE é exemplificada por 5 µg/ml EcEE. (B) Os núcleos positivos para TUNEL (seta) com marcação esparsa são detectáveis para 25 µg/ml EcEE. (C) expressão diferencial de bcl-xl após 48 h de exposição a concentrações distintas de EcEE. Os resultados são apresentados como a alteração média log2 fold ($2^{-\Delta\Delta Ct}$) ± desvio padrão em relação ao controlo, **p<0,0001 e *p<0,01. (D) Coloração DAPI (azul) e imunodetecção de α-tubulina (vermelho nas imagens mescladas na parte inferior) de células em interfase após 48 h no controle ou 25 µg/ml EcEE. As imagens mescladas são mostradas na parte inferior. (E) Imunodetecção de H3K9ac após 48 h em controle ou meio suplementado com EcEE 25 µg/ml. Dentro de cada experimento, todas as imagens têm ampliação idêntica, barra = 5 µm.

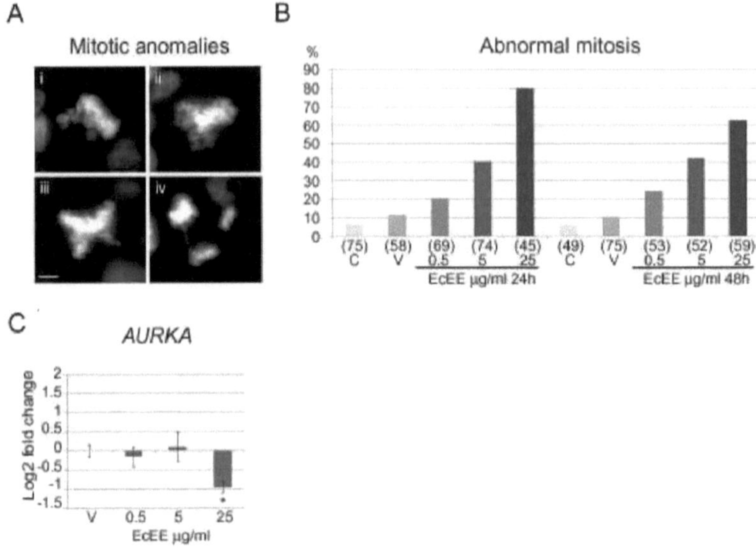

Figura 3 - A exposição ao EcEE induz perturbações mitóticas. (A) Células mitóticas anormais coradas com DAPI após exposição a EcEE, mostrando (i) congestão cromossómica defeituosa, (ii) metáfases tripolares e (iii) tetrapolares e (iv) anáfase tripolar com pontes cromossómicas, barra = 5µm. (B) Percentagem de mitose anómala após 24 h e 48 h de exposição a concentrações distintas de EcEE; o número total de células mitóticas classificadas para calcular a percentagem de mitose anómala é apresentado entre parênteses. (C) Transcrição diferencial de AURKA após exposição a 48 h de EcEE. Os resultados são apresentados como a alteração média de log2 fold ($2^{-\Delta\Delta Ct}$) ± desvio padrão em relação ao controlo, *p<0,0001.

7.2.3 O etanólico *de E. cannabinum* aumenta a perturbação mitótica induzida pelo bisfenol A.

Foram avaliadas as interações entre o EcEE e o poluente ambiental BPA ao nível de referência (1 ng/ml). A co-exposição ao EcEE e ao BPA não afectou a viabilidade celular imediatamente após os tratamentos, uma vez que não foram detectadas diferenças significativas em relação ao controlo (Figura 4-A). Após 72 h de recuperação em meio padrão, uma diminuição severa na viabilidade celular (-93,48%) foi observada exclusivamente para 25 µg/ml EcEE/BPA (Figura 4-A), sendo ainda mais forte do que a observada para 25 iig/ml EcEE sozinho (Figura 1-B).

A avaliação citológica da rutura mitótica após a coloração de DNA DAPI (Figura 4-B) revelou que a exposição ao BPA sozinha aumentou o nível de anomalias mitóticas para 20.5%. Curiosamente, um efeito mais forte da coexposição de BPA foi observado para a menor concentração de EcEE testada (0.5 µg/ml), resultando em 41% de mitose anormal (Figura 4-B) em comparação com 25% observados apenas para EcEE (Figura 3-B). Em contraste, nenhum efeito evidente do BPA foi detectado para a concentração intermediária de EcEE, pois um nível idêntico de 44% foi detectado para 5 µg/ml de EcEE sozinho ou em combinação com BPA. A coexposição à concentração mais alta de EcEE (25 µg/ml) e BPA resultou em um nível particularmente alto de anomalias mitóticas (75%), embora a diferença em relação ao EcEE sozinho (63%) foi menor do que o observado para a concentração mais baixa de EcEE.

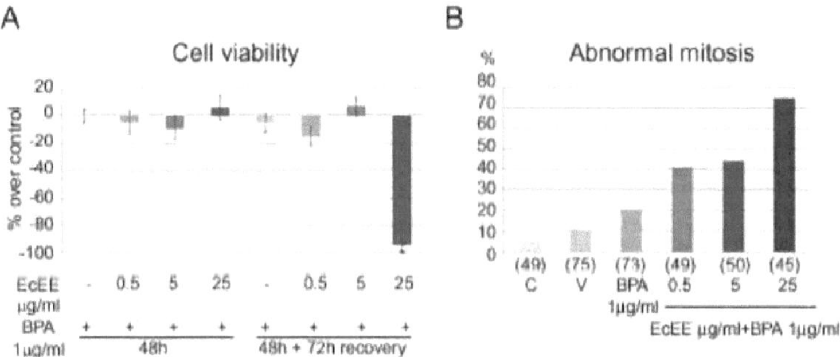

Figura 4 - EcEE interage com BPA a nível de referência (A) Viabilidade celular após co-exposição a BPA (1 µg/ml) e concentrações distintas de EcEE e subsequente recuperação de 72 h em meio padrão. Os resultados são apresentados como percentagem sobre o controlo, *p<0,001. (B) Porcentagem de anomalias mitóticas após 48 h de cultura em meio padrão (controle) ou meio suplementado com etanol (veículo), BPA ou EcEE em concentrações distintas em combinação com BPA. O número total de células mitóticas classificadas para calcular a percentagem de mitose anómala é apresentado entre parênteses.

7.2.4 Os efeitos citotóxicos da doxorrubicina são reforçados pela *E. cannabinum*.

Foram investigadas as potenciais interações entre diferentes concentrações de EcEE e o fármaco quimioterapêutico doxorrubicina (DOX) a uma concentração terapêutica de 2,5 µg/ml. Imediatamente após a exposição, a DOX sozinha resultou numa ligeira diminuição da viabilidade celular (-4,15%) (Figura 5-A). Curiosamente, a perda de viabilidade celular foi significativamente mais pronunciada após a co-exposição a EcEE / DOX para todas as concentrações de EcEE (-10.03%, - 19.88% e -18.67% para 0.5 µg/ml, 5 µg/ml e 25 µg/ml, respetivamente) (Figura 5-A) contrastando com a falta de efeitos observados para 48 h de exposição ao EcEE sozinho (Figura 1-A). Experimentos de recuperação mostraram que os efeitos de ambos DOX e 25 µg/ml EcEE / DOX têm efeitos negativos duradouros na viabilidade, aparentes como diminuições proeminentes na viabilidade celular após 72 h de recuperação em meio padrão em relação ao que foi observado imediatamente após a exposição (Figura 5-A). Após a recuperação, a exposição ao EcEE 25 µg/ml/D0X resultou em uma perda ainda mais pronunciada da viabilidade celular (-93,95%) do que a observada para a exposição a 25 µg/ml EcEE sozinho (Figura 1-B). Por outro lado, para as concentrações mais baixas de EcEE, não foram detectadas diferenças significativas entre a exposição à DOX sozinha e em combinação com EcEE (Figura 1-B).

A análise citológica após coloração com DAPI mostrou uma ausência completa de células em mitose após a exposição à DOX isolada ou em combinação com EcEE, independentemente da concentração de EcEE. Por outro lado, foram observadas células picnóticas e núcleos fragmentados após a exposição à DOX isolada ou em combinação com EcEE (Figura 5-B). Uma vez que alterações nucleares idênticas também foram observadas após exposição única a 25 µg/ml de EcEE (Figura 2-E), os níveis de fragmentação nuclear foram comparados entre a exposição única a 25 µg/ml de EcEE ou DOX isoladamente e a combinação de ambos (Figura 5-C). Os resultados obtidos revelaram que a indução da fragmentação nuclear é significativamente maior para a exposição combinada de 25 µg/ml de EcEE/DOX (20,28%) do que para DOX (7,63%) ou 25 µg/ml de EcEE (8,89%) isoladamente.

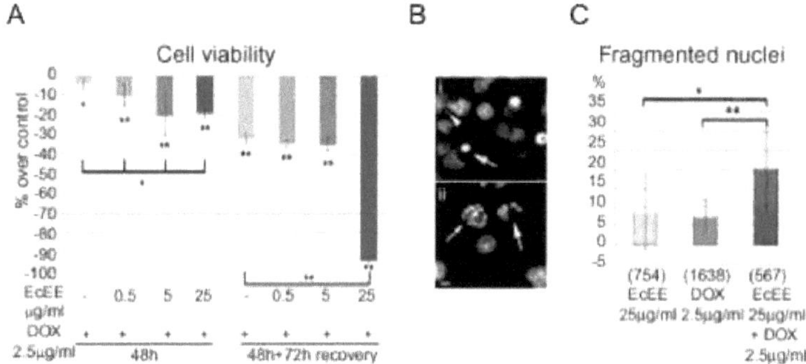

Figura 5 - EcEE tem efeitos sinérgicos com DOX numa dose terapêutica. (A) Viabilidade celular após co-exposição a DOX (2,5 μg/ml) e concentrações distintas de EcEE e subsequente recuperação de 72 h em meio padrão. Os resultados são apresentados como percentagem em relação ao controlo, o nível de significância em relação à DOX isolada é indicado por parênteses horizontais, **p<0,0001 e *p<0,01. (B) Célula corada com DAPI após co-exposição a EcEE 25 μg/ml/DOX ilustrando a ocorrência de (i) micronúcleos (cabeça de seta) e núcleos picnóticos (seta) e (ii) núcleos fragmentados (setas), barra = 5 μm. (C) Percentagem de núcleos fragmentados após exposição a EcEE 25 μg/ml ou DOX isoladamente e a combinação de ambos. O número total de células analisadas é mostrado entre parênteses, **p<0,0001 e *p<0,03 em relação a EcEE 25 μg/ml ou DOX isoladamente.

7.3 Discussão

Eupatorium cannabinum L. é uma planta comummente utilizada para tratamentos de medicina alternativa e/ou complementar (Jaric et al. 2007), incluindo como agente anticancerígeno (Roeder e Wiedenfeld 2013). Embora os efeitos celulares de determinados fitoquímicos conhecidos por estarem presentes em *E. cannabinum* tenham sido previamente descritos, tanto quanto sabemos, este é o primeiro estudo que avalia o potencial citotóxico dos extractos *de E. cannabinum* em células cancerígenas humanas. Aqui demonstrámos que o extrato etanólico de *E. cannabinum* (EcEE) tem efeitos citotóxicos nas células cancerosas do cólon HT29 de uma forma dependente do tempo e da dose. O IC_{50} foi semelhante após 24 e 48 h (46,75 e 44,65 µg/ml, respetivamente), mas consideravelmente menor (13,38 µg/ml) após 96 h de exposição. A atividade citotóxica também foi demonstrada para extratos de outras espécies de *Eupatorium*. Para o extrato etanólico *de E. perfoliatum*, foram obtidos valores de IC_{50} entre 12 e 14 µg/ml após 24h de exposição em três linhas distintas de células de mamíferos (Habtemariam e Macpherson 2000). Em células de cancro da mama MCF7, também foi observado um efeito dependente do tempo para o extrato de acetato de etilo *de E. odoratum* (IC_{50} de 65,72, 83,88 µg/ml e 92.84 µg/ml para 24, 48 e 72 h, respetivamente), enquanto que para o extrato de acetona foram obtidos valores IC_{50} mais elevados, mas sem uma correlação direta com o tempo de exposição (133,9, 163,0 e 147,8 µg/ml para 24, 48 e 72 h, respetivamente) (Harun et al. 2012). A citotoxicidade imediata aqui observada para EcEE é menor do que a observada para o extrato etanólico *de E. perfoliatum*, mas maior do que a observada para os extratos de acetato de etila e acetona de *E. odoratum*. É interessante notar que o aumento da citotoxicidade do EcEE dependente do tempo só foi detectado para o tempo de exposição mais longo (96 h). Além disso, um efeito diferido na viabilidade celular foi detectado após 48 h de exposição ao EcEE a 25 µg/ml. Isso também foi associado à interrupção do arranjo tridimensional da colônia de células foi associado a um aumento generalizado na área nuclear e hiperacetilação de H3K9. A análise da transcrição genética revelou uma redução significativa dos níveis de ARNm de *FOS*, que codifica uma proteína nuclear do complexo do fator de transcrição AP-1, e de nucleolina (*NCL*), a proteína não ribossómica mais profusa do nucléolo. Tanto *a FOS* como a nucleolina estão envolvidas na regulação da proliferação celular (Mongelard e Bouvet 2007; Shaulian e Karin 2002), uma vez que a sua expressão diminuída tem sido relacionada com a redução da capacidade de proliferação de células cancerígenas, incluindo linhas celulares de cancro do cólon (Pandey et al. 2012; Turck et al. 2004). Por outro lado, a exposição a EcEE (25 µg/ml, 48 h) também resultou na regulação positiva de *p21*, um inibidor de quinase dependente de ciclina que é um importante regulador do ciclo celular (Xiong et al. 1993). Foi demonstrado anteriormente que a hiperacetilação de histonas induz a sobre-expressão de *p21* (Fang e Lu 2002). Nas células cancerosas do cólon, a inibição da desacetilação das histonas resulta numa regulação positiva da *p21* (Druesne et al. 2004) e na indução da paragem do ciclo celular G2/M (Robert et al. 2001). De forma relevante, a capacidade de redução das células depende do facto de o ciclo celular ser mais elevado em G2/M (Conour et al. 2004).

Considerando que o ensaio de viabilidade celular utilizado se baseia na redução da resazurina e que, em geral, os nossos resultados foram incompatíveis com a indução da proliferação celular por EcEE, o aumento ligeiro e transitório da fluorescência detetado após 24 h e 48 h de exposição a 25 µg/ml de EcEE foi também sugestivo de paragem celular em G2 ou M. Além disso, o aumento de células mitóticas anormais após a exposição a EcEE é também sugestivo de um bloqueio mitótico. Este fenótipo foi acompanhado por uma regulação negativa significativa da transcrição de Aurora A, o que é consistente com resultados anteriores que mostram que a diminuição dos níveis de Aurora A está associada à catástrofe mitótica e consequente morte celular (Kimura et al. 2013). A indução da morte celular após 48 h de exposição a 25 µg/ml foi evidente pela ocorrência proeminente de núcleos picnóticos e fragmentados, caraterísticos tanto de células apoptóticas como necróticas, e suporta a perda acentuada da viabilidade celular observada após a recuperação. Além disso, este facto foi associado a uma regulação positiva da transcrição do gene anti-apoptótico *bcl-xL*, sugerindo uma via de morte celular não apoptótica (Michels et al. 2013), também apoiada pela ocorrência limitada de quebras de ADN. Estas observações, juntamente com o aumento do tamanho da célula, são compatíveis com uma morte celular necrótica ou necroptose, um processo que actua como mecanismo indutor de morte de reserva quando a apoptose é inibida (Cerella et al. 2014).

A atividade citostática foi previamente descrita para compostos identificados nos extractos de *E. cannabinum*, nomeadamente o sesquiterpeno eupatoriopicrina (Rucker et al. 1997) e os flavonóides centaureidina, jaceosidina e hispidulina (Zhang et al. 2008). A diminuição severa da sobrevivência de células tumorais *in vitro* foi associada a concentrações de eupatoriopicrina variando de 1-10 µg/ml (Woerdenbag et al. 1989a; Woerdenbag et al. 1989b) que foi correlacionada com a indução de danos ao DNA (Woerdenbag et al. 1989b). Também foram descritos efeitos antiproliferativos em linhas celulares cancerígenas distintas para concentrações de centaureidina abaixo de 1 µg/ml (Forgo et al. 2012), bem como para jaceosidina na faixa de concentração de 20-50 µg/ml (JG Lee et al. 2013) e hispidulina para 4-30 µg/ml (Gao et al. 2013). Relevantemente, tanto os efeitos da jaceosidina (JG Lee et al. 2013) como da hispidulina (Yu et al. 2013) foram associados ao aumento da expressão *de p21*. Os resultados agora obtidos indicam que a potência anti-proliferativa do EcEE é semelhante à de alguns dos seus constituintes individuais, em particular a eupatoriopicrina, a jaceosidina e a hispidulina, sem indução acentuada de danos no ADN, sugerindo uma ação combinada de compostos distintos.

É importante notar que as exposições combinadas de EcEE com DOX a uma concentração terapêutica resultaram num claro reforço dos efeitos citotóxicos, evidente na medida em que os tratamentos combinados diminuíram significativamente a viabilidade das células HT29 imediatamente após a exposição, o que também foi observado para a concentração mais baixa de EcEE que, *por si só,* não afectou a viabilidade celular. Este facto foi acompanhado por um aumento da fragmentação nuclear e uma redução da sobrevivência das células após a recuperação, resultando numa perda quase total da viabilidade celular. A DOX é um medicamento antineoplásico comummente utilizado que actua nas células tumorais através da indução da apoptose (Gamen et al. 2000). No entanto, diferentes tipos de morte celular podem ocorrer simultaneamente, de forma independente ou através de vias parcialmente comuns (revisto em (Cerella et al. 2014). A grave diminuição da viabilidade celular observada após a exposição combinada à DOX e ao EcEE pode, assim, resultar da indução de mecanismos de morte celular distintos. Por outro lado, as concentrações terapêuticas de DOX induzem a paragem celular nos pontos de controlo G2/M e/ou G1/S (Bar-On et al. 2007; Lupertz et al. 2010). Os resultados obtidos mostram que o EcEE não contraria a paragem do ciclo celular induzida pela DOX. Considerando que a DOX actua através da indução de apoptose (Gamen et al. 2000) e à qual pode surgir resistência celular (Doublier et al. 2008; Riganti et al. 2009), os nossos dados substanciam potenciais propriedades adjuvantes do EcEE em abordagens quimioterapêuticas (Koehler et al. 2014).

Por outro lado, nenhum efeito imediato na viabilidade celular foi associado à co-exposição ao EcEE e ao composto fenólico sintético BPA. No entanto, a capacidade de recuperação celular após 48 h de exposição a 25 μg/ml de EcEE foi diminuída pela presença de BPA. Além disso, as exposições combinadas EcEE / BPA resultaram em aumento das anomalias mitóticas em relação ao BPA ou EcEE sozinho para 25 μg/ml EcEE, mas também para 0.5 μg/ml EcEE. O BPA é caracterizado como um químico aneugénico (Johnson e Parry 2008) capaz de interferir com os mecanismos de divisão celular mesmo em concentrações muito baixas (Ribeiro-Varandas et al. 2013). No entanto, o BPA é amplamente utilizado numa variedade de produtos de consumo, levando a uma exposição humana generalizada e os seus riscos permanecem altamente controversos (Vandenberg et al. 2010). Os presentes resultados levantam a possibilidade de os efeitos adversos do BPA poderem ser potenciados por interações com outras substâncias químicas, um aspeto que continua a ser largamente desconhecido e que tem sido pouco abordado.

7.4 Conclusão

A E. cannabinum tem sido utilizada como planta medicinal para medicina alternativa e/ou complementar, no entanto os efeitos ou o modo de ação dos extractos completos não foram avaliados a nível celular. O presente trabalho demonstra que o extrato etanólico de *E. cannabinum* tem uma atividade citotóxica potente contra as células cancerosas do cólon HT29, associada a uma rutura mitótica e à morte celular sem evidências marcantes de danos no ADN. De forma relevante, o extrato *de E. cannabinum* apresenta efeitos sinérgicos com a doxorrubicina na indução da morte das células HT29, indicando a sua potencial utilização em estratégias terapêuticas alternativas ou complementares. Por outro lado, os resultados mostram também que *o E. cannabinum* pode aumentar os efeitos aneugénicos do poluente ambiental BPA, chamando a atenção para a possibilidade de os efeitos adversos do BPA poderem ser potenciados pela interação com outros químicos.

Discussão geral

Atualmente, a comunidade científica debate-se com uma grande controvérsia entre o nível de DDA estabelecido para o BPA (EFSA 2006, 2010), os níveis de ingestão estimados com base nos valores de migração (OMS 2010) e os estudos de biomonitorização sobre os níveis internos detectados de BPA não metabolizado (Vandenberg et al. 2010). Os efeitos do BPA foram amplamente investigados em linhas celulares humanas associadas às vias de sinalização dos receptores estrogénicos. Várias linhas de evidência estabeleceram que este EDC promove respostas celulares variáveis frequentemente associadas a especificidades do tipo de célula. No entanto, os efeitos do BPA nas células humanas que estão em contacto direto e contínuo com este químico *in vivo*, especificamente as células do trato digestivo e as células endoteliais vasculares, são na sua maioria desconhecidos. Neste trabalho foram avaliados os efeitos de duas concentrações de BPA, nomeadamente 10 ng/ml (44 nM), *ou* seja, na gama detetada no sangue humano em exposições ambientais (Vandenberg et al. 2010) e 1 µg/ml (4,4 µM) associada à exposição ocupacional (He et al. 2009; Li et al. 2010) em dois tipos de células. A linha celular de Adenocarcinona do Cólon Humano (HT29) foi selecionada por este tipo de cancro ser uma das causas de morte mais comuns nos países industrializados (WHO 2014) e as Células Endoteliais da Veia Umbilical Humana (HUVEC) foram selecionadas como representativas dos tecidos de células endoteliais vasculares primárias que sofrem senescência em cultura (Khaidakov et al. 2011). Tanto a HT29 como a HUVEC expressam o ERβ clássico, mas são negativas para o ERα (Arai et al. 2000; Campbell-Thompson et al. 2001; Matthews et al. 2001; Toth et al. 2008). Em relação ao recetor de estrogénio ligado à membrana GPR30, para o qual o BPA tem uma afinidade considerável (Bouskine et al. 2009; Dong et al. 2010; Pupo et al. 2012; Shanle e Xu 2010; Thomas e Dong 2006), não é expresso em HUVEC em condições de cultura padrão (Takada et al. 1997) e é demonstrado aqui a sua expressão na linha celular HT29. Anteriormente, a expressão de GPR30 numa linha celular ERβ-positiva e ERα-negativa foi correlacionada com o aumento da proliferação celular por BPA (Bouskine et al. 2009). No entanto, não observámos qualquer efeito do BPA na proliferação celular em HT29 ou HUVEC, indicando que a proliferação induzida pelo BPA em células positivas para GPR30 depende do tipo de célula.

Curiosamente, apesar da expressão deferente de GPR30, os nossos resultados mostram que, em geral, as HUVEC foram mais susceptíveis à exposição ao BPA do que as células HT29. Demonstramos pela primeira vez que a exposição a baixas doses de BPA aumenta a proporção de formação de micronúcleos em HUVEC, o que está provavelmente associado à rutura do fuso, tal como anteriormente referido para concentrações mais elevadas de BPA noutras linhas celulares (Can et al. 2005; Nakagomi et al. 2001; Parry et al. 2002). As HUVEC também apresentam uma maior sensibilidade à rutura nucleolar induzida por BPA, evidenciada por uma arquitetura e organização nucleolares alteradas, acompanhadas por uma variação nas marcas epigenéticas intranucleolares H3K9me2 e H3K4me3, associadas ao silenciamento transcricional e à competência, respetivamente (Bartova et al. 2010; Hon et al. 2009). Embora o padrão de distribuição nuclear global destas marcas epigenéticas não seja afetado pela exposição ao BPA tanto na HT29 como na HUVEC, não se podem excluir modificações induzidas em genes específicos, particularmente considerando que se sabe que o BPA afecta a expressão transcricional de vários genes envolvidos nos principais processos celulares em diferentes linhas celulares (Boehme et al. 2009; Bredhult et al. 2009; Buterin et al. 2006; Naciff et al. 2010). De facto, a nossa análise transcricional também revela uma maior sensibilidade das HUVEC ao BPA, uma vez que foram observados efeitos mais pronunciados nos padrões de expressão de genes que codificam proteínas envolvidas na segregação cromossómica, bem como na biogénese das subunidades dos ribossomas. Além disso, a análise geral da transcrição baseada na transcrição relativa de duas sequências relacionadas com LINE-1 mostra um efeito dependente do tempo e da dose de BPA em HUVEC, enquanto na linha de células HT29 a resposta ao BPA se perde com a exposição prolongada.

A menor capacidade de resposta das células HT29 ao BPA pode estar correlacionada com caraterísticas intrínsecas das células cancerígenas que são descritas como sendo mais insensíveis a estímulos externos (Hanahan e Weinberg 2011). No entanto, é importante referir que as alterações induzidas pelo BPA nas células HT29, nomeadamente a desregulação da transcrição de sequências relacionadas com a LINE-1 e a alteração da morfologia nucleolar, são observadas exclusivamente para a concentração mais baixa de BPA testada. Assim, os nossos resultados sugerem que a ação do BPA nas células cancerígenas do cólon pode seguir uma resposta à dose não monotónica (NMDR), o que pode ser uma caraterística comum das hormonas naturais, bem como dos EDCs (Vandenberg et al. 2012). Por outro lado, os resultados obtidos a partir da transcrição de genes e da análise da viabilidade celular mostram que a exposição contínua ao BPA interfere com os processos de envelhecimento das HUVEC. As HUVEC são um modelo *in vitro* para a patogénese da aterosclerose (Khaidakov et al. 2011) e os estudos epidemiológicos revelaram uma correlação positiva entre a exposição ao BPA e as doenças vasculares (Lind e Lind 2011; Melzer et al. 2010; Melzer et al. 2012). Em geral, os nossos dados indicam que o BPA pode desempenhar um papel na indução da aterosclerose, corroborando um potencial impacto nos processos de envelhecimento, tal como sugerido anteriormente para as células mamárias (Qin et al. 2012).

Em relação às células cancerígenas do cólon, é importante ter em consideração que as células do aparelho digestivo entram em contacto com o BPA ingerido antes da sua conjugação, o que contribui para a exposição global das células. Além disso, o aumento dos níveis de β-glucuronidase extracelular na maioria dos microambientes de tumores sólidos (Tranoy-Opalinski et al. 2014) leva a um elevado nível de incerteza relativamente à exposição ao BPA. As potenciais interações do BPA com fármacos quimioterapêuticos são uma questão extremamente pouco investigada, no entanto, em células de cancro da mama, foi sugerido que o BPA é capaz de antagonizar os efeitos citotóxicos de diferentes fármacos antineoplásicos comummente utilizados, incluindo a doxorrubicina (DOX) (LaPensee et al. 2009). Curiosamente, os presentes resultados mostram que, nas células cancerígenas do cólon, o BPA, numa concentração derivada do TDI, é capaz de interferir com a DOX a um nível terapêutico relevante, antagonizando os efeitos de transcrição induzidos pela DOX em genes-chave envolvidos na biologia do cancro. Surpreendentemente, estes efeitos antagónicos da DOX do BPA não são observados para uma concentração 100 vezes inferior de DOX, nem o BPA *por si só* induz alterações importantes nos níveis de transcrição dos genes analisados. Em conjunto, estes resultados sublinham a necessidade de abordar as interações do BPA no contexto da quimioterapia e levantam questões importantes sobre o modo de ação do BPA e as consequências das interações no destino das células cancerosas.

Neste trabalho, as interações do BPA com o extrato de *Eupatorium cannabinum* também foram investigadas, mostrando que os efeitos aneugênicos do BPA são aumentados pela coexposição. *Eupatorium cannabinum* é uma planta medicinal que tem sido utilizada há muito tempo na medicina alternativa e/ou complementar (Jaric et al. 2007), inclusive como agente anticancerígeno (Roeder e Wiedenfeld 2013), no entanto, os efeitos celulares de seus extratos nunca foram avaliados. Os resultados obtidos demonstram uma potente atividade citotóxica de *E. cannabinum* contra células cancerígenas do cólon. Além disso, o extrato de *E. cannabinum* também mostra efeitos sinérgicos com DOX na indução da morte de células HT29, apoiando a sua utilização potencial para estratégias terapêuticas alternativas ou complementares do cancro.

No seu conjunto, o presente trabalho vem corroborar as preocupações crescentes relativamente aos potenciais efeitos adversos da exposição a baixas doses de BPA na saúde humana. Isto é evidente, uma vez que estabelecemos claramente o potencial efeito genotóxico aneugénico deste químico em células vasculares e apoiámos correlações epidemiológicas anteriores entre os níveis circulantes de BPA e patologias relacionadas com a idade (Lind e Lind 2011; Melzer et al. 2010; Melzer et al. 2012). Além disso, também demonstrámos a importância de abordar os efeitos da interação medicamentosa do BPA, particularmente no contexto da quimioterapia e da quimiorresistência, e levantamos a perspetiva de que os efeitos do BPA podem ser potenciados pela interação com outros compostos.

Materiais e métodos

9.1 Culturas celulares, reagentes e extractos

Os efeitos do BPA foram analisados em HT29 e HUVEC representativos dos tecidos do trato digestivo e vascular, respetivamente, que estão expostos ao BPA *in vivo*. A linha celular humana HT29 foi adquirida à European Collection of Cell Cultures (ECACC, Reino Unido) e cultivada em frascos de 75 cm2 com meio RPMI contendo GlutaMAX™ I, 25 mM HEPES (Gibco), suplementado com 10% (v/v) de soro fetal bovino, 100 U/ml de penicilina, 100 mg/ml de estreptomicina e 2 mM de L-glutamina. A linha de células HUVEC foi gentilmente oferecida pela Dra. Ana Costa do Instituto Português de Oncologia (IPO) e cultivada em frascos de 75 cm2 revestidos com 0,2% de gelatina. As HUVEC foram cultivadas em meio EGM-2 (LONZA # CABRCC-3162) suplementado com 5% (v/v) de soro fetal bovino, 0,2% (v/v) de extrato de cérebro bovino (LONZA # CABRCC-4098), 0,5 ml de fator de crescimento epidérmico, 0.5 ml de fator de crescimento semelhante à insulina R3-1, 2 ml de fator de crescimento de fibroblastos humanos, 0,5 ml de fator de crescimento endotelial, 0,5 ml de ácido ascórbico, 0,2 ml de hidrocortisona, 0,5 ml de heparina e 0,5 ml de gentamicina, por cada 500 ml de EGM-2. Todas as culturas de células foram mantidas numa atmosfera humidificada de 5% (v/v) de CO2 a 37°C.

O bisfenol A (Sigma # 239658) foi recentemente diluído em etanol e adicionado ao meio de cultura até a concentração final de 10 ng/ml (44 nM) dentro da faixa encontrada em amostras humanas devido à exposição ambiental (Melzer et al. 2010; Vandenberg et al. 2010) ou 4,4 µM (1 µg/ml) associados à exposição ocupacional (He et al. 2009; Li et al. 2010) e correspondem à TDI considerando um peso corporal médio de 70 Kg e consumo diário de 3 litros dc água pré-formada.

A doxorrubicina (AppliChem) foi dissolvida em água e adicionada ao meio de cultura até à concentração final de 40 nM (25 ng/ml), uma concentração subterapêutica ou 4 µM (2,5 µg/ml) que corresponde à concentração livre de DOX no sangue em quimioterapia clínica do cancro (Greene et al. 1983).

As partes aéreas de *Eupatorium cannabinum L.* (Asteraceae) foram recolhidas nos campos das Rossas da vila de Arouca, Portugal, em agosto, durante a floração em massa. A identificação formal do material vegetal foi efectuada por A.P. Paes do "Herbário João de Carvalho e Vasconcellos" no Instituto Superior de Agronomia (Lisboa, Portugal). Um espécime de voucher foi depositado no mesmo herbário sob o número LISI 1503/2013. O material vegetal foi seco e pulverizado usando um moinho e o extrato etanólico (EcEE) foi obtido por imersão do material em etanol absoluto durante 48 h à temperatura ambiente com agitação suave. O extrato foi filtrado e concentrado sob vácuo num evaporador rotativo a 40° C e armazenado a -20°C para utilização posterior. O extrato etanólico bruto foi dissolvido em etanol para uma concentração final de trabalho de 50 mg/ml antes do uso e adicionado ao meio de cultura em quatro concentrações finais diferentes (0,5 µg/ml, 5 µg/ml, 25 µg/ml e 50 µg/ml).

9.2 Tratamentos e controlos

Para os tratamentos e experiências, as células HT29 foram utilizadas entre as passagens 2 e 15 e as HUVEC foram utilizadas entre as passagens 2-6 (HUVEC jovens) e 11-19 (HUVEC envelhecidas). Após o procedimento de subcultura, as células foram estabilizadas durante 24 h em meio de crescimento padrão antes de todas as experiências. O BPA é altamente estável em solução (Kang et al. 2004) e estudos populacionais estabeleceram que as concentrações de BPA em humanos são estáveis durante longos períodos de tempo (Stahlhut et al. 2009). Como controlos negativos, as células foram cultivadas em meios de cultura padrão ou em meios suplementados com etanol (veículo) a uma concentração final de 0,17 mM, correspondente ao veículo adicionado para ambas as concentrações de BPA avaliadas. As células tratadas e de controlo foram analisadas simultaneamente para todos os tratamentos.

9.2.1 Tratamentos de curta exposição

Para tratamentos de exposição curta, após 24 horas de cultivo, HT29, HUVEC jovens (passagens 4 e 6) e envelhecidas (passagens 12) foram incubadas em meio suplementado com BPA ou em meio de controlo durante 24 h, 48 h ou 72 h.

9.2.2 Tratamentos de exposição longa e contínua

Para uma exposição longa e contínua ao BPA, as HUVEC foram mantidas em meio com ou sem BPA da passagem 12 à passagem 19 e as passagens celulares foram efectuadas a cada 3-4 dias, independentemente do estado de confluência, e semeadas a uma densidade idêntica ($3,2 \times 10^3$ cel/cm^2) para todas as condições avaliadas. Em cada passagem, as células foram recolhidas por tripsinização e a viabilidade celular avaliada com azul de tripan.

9.2.3 Exposições combinadas BPA/DOX

Para as exposições combinadas de BPA/DOX, as células foram pré-expostas a BPA durante 24 horas, seguidas de 24 horas adicionais de exposição simultânea a BPA e DOX. Do mesmo modo, para as exposições a um único fármaco, as células foram incubadas com BPA durante 48 h após o período de estabilização de 24 h, enquanto que para a DOX o meio padrão foi substituído por meio com DOX 48 h após a subcultura e mantido. Para avaliar a capacidade de recuperação celular após os tratamentos, as células foram cultivadas durante 72 horas adicionais em meio de cultura padrão.

9.2.4 Exposições combinadas EcEE

Para as exposições combinadas EcEE/BPA ou EcEE/DOX, as células foram pré-expostas a EcEE durante 24 h, seguidas de 24 h adicionais de exposição simultânea a EcEE e BPA ou EcEE e DOX. A exposição única de 24 h a BPA ou DOX foi efectuada em culturas de células equivalentes. Para avaliar a capacidade de recuperação celular após os tratamentos, as células foram cultivadas durante 72 horas adicionais num meio de cultura padrão. Foram efectuados controlos negativos para todas as experiências utilizando células cultivadas em meio de cultura padrão, bem como células cultivadas em meio suplementado com etanol a uma concentração final de 0,17 mM, correspondente à concentração final de etanol utilizada como veículo para todas as concentrações de EcEE, bem como para BPA.

9.3 Ensaio de viabilidade celular

A avaliação da viabilidade celular foi efectuada em placas de 96 poços utilizando o ensaio de viabilidade CellTiter-Blue (#G8081, Promega) de acordo com as instruções do fabricante. Este é um método fluorométrico que avalia a capacidade metabólica das células. Para o efeito, as células foram colocadas em placas de 96 poços a uma densidade de $3{,}2 \times 10^4$ células/poço. Após uma incubação nocturna, as células foram expostas aos compostos estudados nas dosagens específicas. Após os tratamentos, foi adicionado a cada poço o reagente CellTiter-Blue Solution Reagent, de acordo com as instruções do fabricante, as células foram incubadas durante 4 h e a viabilidade determinada através da medição da emissão fluorescente a 590 nm, utilizando um leitor de placas Synergy HT Bio-Tek. A análise estatística foi efectuada comparando as células tratadas com as células cultivadas em meio padrão.

9.4 Análise de micronúcleos

As células foram cultivadas em placas de Petri contendo lamelas de vidro revestidas com 0,2% (v/v) de gelatina (Sigma). Após os tratamentos, as células foram fixadas com paraformaldeído a 4%, coradas com DAPI e montadas em lâminas de vidro com meio de montagem antifade AF1 (Citifluor) para avaliação da formação de micronúcleos. As imagens foram captadas utilizando os filtros de excitação e emissão adequados e registadas utilizando um microscópio de epifluorescência Zeiss Axioskop2 equipado com uma câmara digital Zeiss AxioCam MRc5.

9.5 Ensaio TUNEL

Para a avaliação da morte das células HT29 e HUVEC, as células foram colocadas em placas de Petri com lamelas de vidro revestidas com gelatina a 0,2% (v/v) (Sigma). Após os tratamentos, as células foram fixadas em paraformaldeído a 4% (v/v) durante 10 minutos à temperatura ambiente e subsequentemente tratadas com o kit de ensaio TUNEL (in Situ Cell Death Detection Kit Fluorescein- cat # 11684795910 Roche) de acordo com as instruções do fabricante, seguido de coloração com DAPI. As imagens de fluorescência foram registadas para cada fluorocromo utilizando os filtros de excitação e emissão adequados num microscópio de epifluorescência Zeiss Axioskop2 equipado com uma câmara digital Zeiss AxioCam MRc5.

9.6 Análise citológica da mitose

As células foram cultivadas em placas de Petri como descrito acima. Após os tratamentos, as células foram fixadas em formaldeído a 4% (p/v) em PBS durante 10 minutos à temperatura ambiente e coradas com DAPI para avaliação do índice mitótico e das anomalias mitóticas.

9.7 Imunofluorescência

As células foram colocadas em placas de Petri com lamelas de vidro revestidas com gelatina a 0,2% (v/v) (Sigma). Após os tratamentos, as células foram fixadas em paraformaldeído a 4% (v/v) durante 10 minutos à temperatura ambiente e permeabilizadas com Triton X-100 a 0,25% (v/v) durante 15 minutos. As células fixadas foram depois incubadas numa solução de

BSA/PBS a 5% (p/v) durante 60 minutos. Para a imunodetecção, as células foram incubadas independentemente com os antidodies primários anti-acetil-histona H3 (Lys 56) (ab76307, Abcam), anti-GPR30 (ab39742, Abcam), anti-αTubulina (T9026, Sigma) e anti-λTubilina (T3559, Sigma) diluídos a 1:200 e anti- trimetil-histona H3 (Lys 4) (ab8580, diluição 1:500; Abcam,) ou anti- dimetil-histona H3 (Lys 9) (ab1220, diluição 1:2000; Abcam). Os anticorpos foram diluídos em 1% (p/v) de BSA/PBS e a incubação foi efectuada a 37°C durante 1:30 h. Após lavagem com PBS, foram adicionados anticorpos secundários conjugados anti-coelho-FICT IgG (1:200, Abcam) ou anti-rato-Cy3 IgG (1:200, Sigma) a 1% (p/v) de BSA/PBS e incubados durante 60 min a 37°C. As células foram então lavadas três vezes com PBS e coradas com DAPI, as lamelas foram montadas em lâminas de vidro com antifade AF1 (Citifluor). A imunofluorescência foi registada utilizando um microscópio de epifluorescência Zeiss Axioskop2 equipado com uma câmara digital Zeiss AxioCam MRc5. As imagens foram captadas para cada fluorocromo utilizando os filtros de excitação e emissão adequados e fundidas com o software Adobe Photoshop 7.0 (Adobe Systems).

9.8 Extração de proteínas e análise de western blotting

As células foram lavadas uma vez com PBS e recolhidas por tripsinização e centrifugação. Para o lisado de proteínas totais, os pellets foram ressuspendidos em 500 µl de tampão SDS (0,125 M Tris-HCL, 10% 2-mercaptoetanol, 2% SDS e
10% de sacarose) (Dong et al. 2010) e submetida a ultra-sons no gelo 2 x 15 seg. 20%. Após centrifugação (14000 *g*), o sobrenadante foi transferido para um novo tubo de centrifugação e armazenado a -20°C. As concentrações de proteínas foram determinadas através do método de Bradford (ensaio de proteínas cat. # 500-0006 BioRad). A eletroforese Western blotting em gel de poliacrilamida foi efectuada como descrito em (Laemmli 1970) utilizando 50 µg de amostras de proteínas transferidas para membranas de PVDF e coradas com o reagente Ponceau S. Os immunoblots foram bloqueados com 3% (p/v) de leite seco em PBST (0,05% (v/v) Tween 20, 137 mM NaCl, 1,5 mM KH_2PO_4, 8,1 mM Na_2HPO_4, 2.7 mM KCl) e incubadas com anticorpos primários: anti-acetil-histona H3 (Lys 56) (ab76307), anti-GPR30 (ab39742), anti-ERb (ab3577) (diluição 1:1000, 1:400, 1:1500 respetivamente, Abcam), anti-trimetil-histona H3 (Lys 4) (ab8580, diluição 1:500; Abcam), anti-dimetil-histona H3 (Lys 9) (ab1220, diluição 1:2000; Abcam) ou anti-αTubulina (T9026, diluição 1:2000, Sigma). Foram utilizados anticorpos anti-coelho (cat. n.º 32460 Pierce Biotechnology) e anti-camundongo (cat. n.º 32430 Pierce Biotechnology) conjugados com peroxidase, em diluições de 1:1250. A deteção foi efectuada com o substrato de sensibilidade máxima SuperSignal West Femto (cat. n.º 34094 Thermo Scientific), de acordo com as instruções do fabricante. As bandas de proteínas imunorreactivas foram detectadas pelo BioRad Chemidoc XRS. Os níveis de intensidade das bandas de proteínas imunorreactivas foram analisados pelo software ImageJ (http://rsbweb.nih.gov/ij/).

9.9 Isolamento de cDNA e PCR quantitativa em tempo real

O ARN total foi extraído de células HT29 e HUVEC expostas, bem como de culturas não tratadas e de culturas de controlo às quais foi adicionado apenas etanol ao meio de cultura. As células foram recolhidas a 80% de confluência por tripsinização, lavadas em PBS, centrifugadas a 1000 *g* e o ARN foi isolado com o RNAqueous Kit (Cat # AM1912 Thermo Scientific) seguindo as instruções do fabricante. Depois de verificar a concentração e a integridade, utilizaram-se 3 µg de ARN total para a digestão de DNase sem RNase (RQ1 RNase free DNase, cat # M6101 Promega) e completou-se a síntese da primeira cadeia de cDNA com iniciadores aleatórios, seguindo as instruções do fabricante (DYNAmo cDNA syntesis Kit, cat # F-470L Thermo Scientific). O cDNA resultante foi utilizado para qRT-PCR com a BIO-RAD SsoFast Eva Green Supermix (BIO-RAD Cat # 172-5201), utilizando as seguintes condições: 95 °C-3 min, 35 ciclos (95 °C-30 seg, 55 °C-30 seg, 72 °C-40 seg) e 72 °C-5 min.

Para garantir a ausência total de ADN genómico antes da síntese de ADNc, foram efectuadas PCR com iniciadores 18S e 250 ng de ARN digerido com DNase. Foram também efectuadas PCRs de controlo para ambas as combinações de iniciadores sem modelo. As experiências de análise transcricional foram repetidas pelo menos três vezes e, em cada experiência, foram efectuadas pelo menos três réplicas técnicas por tratamento celular/combinação de primers. Todas as comparações dos níveis de expressão foram efectuadas com diluições idênticas de cDNA. As curvas de desnaturação foram calculadas medindo o produto de cadeia simples em intervalos de 0,5° C, de 55° C a 95° C. Após a observação das curvas de desnaturação para garantir a correção dos produtos de amplificação, os ciclos limiares (*Ct*) foram equilibrados com a média de GAPDH e β-actina para calcular Δ *Ct* (Δ *Ct* = *Ct* de interesse - média (GAPDH-β-actina) *Ct*), uma vez que não foram detectadas diferenças significativas entre os dois genes de referência. Nos capítulos 2 e 3, os níveis de expressão génica foram analisados através do cálculo do ΔΔCt (ΔΔCt = ΔCt **a** - média ΔCt **b**, onde **a** e **b** estão a ser comparados), que por sua vez foi utilizado para determinar o fold change médio ($2^{-\Delta\Delta Ct}$) ± desvio padrão entre tratamentos. Para os restantes trabalhos, os níveis de expressão dos genes foram analisados através do cálculo do Δ*ΔCt* (Δ*ΔCt* = Δ*Ct* a - média Δ*Ct* b, em que se comparam as médias **a** e **b**). Os resultados são apresentados como log2 da alteração fold média ($2^{-\Delta\Delta Ct}$) ± desvio padrão. Além disso, no Capítulo 6, para os dados de qRT-PCR, apenas foram consideradas para análise estatística as diferenças nos níveis de transcrição superiores a 1 para a alteração média de log2 (correspondente a uma diferença num ciclo de PCR e a um valor de 2 para a alteração de dobra).

Quadro 1 Primers utilizados para qRT-PCR.

Gene	N.º de adesão	Primário direto (5'→3')	Primário inverso (5'→3')
CDCA8	NM_018101	AAGGTAATACAGGTAG ATGAA	GTTCTCTTCTTGGATGGA
SGOL2	NM_001160033	TACATTCACCTAACATA AAC	GCTCATCATCACTTACTT
γ-Tubulina	M61764	CTCAAGAGGCTGACGC NOVAMENTE	CTGGCTGACATGATGGTAG ACAC
L1-5'	M80340.1	GGCCAGTGTGTGTGCGC ACCG	CCAGGTGTGGGATATAGTC TCGTGG
L1- 3'	M80340.1	CAGGAAGGGGAATATC ACACTC	TGCGCTGCACCCACTAACT C
SPARC	NM_003118	CTGTGGGAGCTAATCCT G	GGGTGCTGGTCCAGCTGG
FN1	NM_002026	TGTGGTTGCCTTGCACG AT	GCTTGTGGGTGTGACCTGA GT
p21	NM_000389	CTGGAGACTCTCAGGGT CGAA	CCAGGACTGCAGGCTTCCT
FOS	NM_005252	AGGAGAATCCGAAGGG AAAG	CAAGGGAAGCCACAGACA TC
AURKA	NM_003600	GCTGGAGAGCTTAAAA TTGCAG	TTTTGTAGGTCTCTTGGTA TGTG
c-fos	NM_005252	AGGAGAATCCGAAGGG AAAG	CAAGGGAAGCCACAGACA TC
p21	NM_000389	CTGGAGACTCTCAGGGT CGAA	CCAGGACTGCAGGCTTCCT
bcl-xL	NM_001191	TTACCTGAATGACCACC TA	ATTTCCGACTGAAGAGTGA
NCL	NM_005381	CCTTCTGAGGACATTCC AAGACA	ACGGTATTGCCCTTGAAAT GTT
CLU	NM_001831	GGATGAAGGACCAGTG TGACAAG	CAGCGACCTGGAGGGATT C
18SrRNA	NR_003286	CATTCGAACGTCTGCCC TAT	CCTCCAATGGATCCTCGTT A
GAPDH	NM_002046	GAGTCAACGGATTTGGT CGTA	GCAGAGATGATGACCCTTT TG
β-actina	NM_001101	GGTCATCTTCTCGCGGT TGGCCTTGGGGT	CCCCAGGCACCAGGGCGT GAT

[a] Números de acesso GenBank (Centro Nacional de Biotecnologia).

9.10 Análise de dados

Todas as experiências foram repetidas pelo menos três vezes, com um mínimo de três réplicas por experiência. A análise estatística foi efectuada comparando as células cultivadas em meio padrão (controlo) com as células expostas aos tratamentos.

Para todos os parâmetros analisados, com exceção da análise transcricional de genes biomarcadores para MDD avaliados no Capítulo 4, não foram obtidas diferenças significativas entre as células cultivadas em meio padrão ou em meio suplementado com etanol, sendo os resultados agrupados e indicados como controlo. O teste χ^2 foi utilizado para a análise da ocorrência relativa de tipos distintos de anomalias mitóticas. O teste t de Student foi usado para analisar a viabilidade celular, a frequência de corpos apoptóticos, o índice mitótico, a análise de transcrição de genes qRT-PCR, a área nuclear e a fragmentação nuclear. O software GraphPad Prism 6 foi utilizado para a determinação dos valores IC_{50}.

Referências

Alonso-Magdalena P, Ropero AB, Soriano S, Garcia-Arevalo M, Ripoll C, Fuentes E, et al. 2012. O bisfenol-a actua como um potente estrogénio através de vias não clássicas desencadeadas por estrogénios. Mol Cell Endocrinol 355:201-207.

Anand S, Penrhyn-Lowe S, Venkitaraman AR. 2003. A amplificação de Aurora-a anula o ponto de controlo da montagem do fuso mitótico, induzindo resistência ao taxol. Cancer Cell 3:51-62.

Andersson H, Brittebo E. 2012. Efeitos proangiogénicos de níveis ambientalmente relevantes de bisfenol a em células endoteliais primárias humanas. Arch Toxicol 86:465-474.

Andreassi MG. 2008. Danos ao DNA, senescência vascular e aterosclerose. J Mol Med (Berl) 86:1033-1043.

Aporntewan C, Phokaew C, Piriyapongsa J, Ngamphiw C, Ittiwut C, Tongsima S, et al. 2011. A hipometilação da linha-1 intragénica reprime a transcrição em células cancerígenas através de ago2. PLoS One 6:e17934.

Apostolou P, Toloudi M, Ioannou E, Chatziioannou M, Kourtidou E, Vlachou I, et al. 2013. Os níveis de expressão do gene Ap-1 podem estar correlacionados com alterações na expressão do gene de alguns factores de stemness em carcinomas do cólon. J Signal Transduct 2013:497383.

Arai N, Strom A, Rafter JJ, Gustafsson JA. 2000. Recetor de estrogénio beta mrna em células de cancro do cólon: Efeitos de crescimento do estrogénio e da genisteína. Biochemical and Biophysical Research Communications 270:425-431.

Ballesteros-Gomez A, Rubio S, Perez-Bendito D. 2009. Métodos analíticos para a determinação do bisfenol a em alimentos. J Chromatogr A 1216:449-469.

Bar-On O, Shapira M, Hershko DD. 2007. Efeitos diferenciais do tratamento com doxorrubicina na paragem do ciclo celular e na expressão de skp2 em células de cancro da mama. Anticancer Drugs 18:1113-1121.

Bartova E, Horakova AH, Uhlirova R, Raska I, Galiova G, Orlova D, et al. 2010. Structure and epigenetics of nucleoli in comparison with non- nucleolar compartments (Estrutura e epigenética dos nucléolos em comparação com compartimentos não nucleolares). J Histochem Cytochem 58:391-403.

Belt EJ, Brosens RP, Delis-van Diemen PM, Bril H, Tijssen M, van Essen DF, et al. 2012. As proteínas do ciclo celular prevêem a recorrência do cancro do cólon nos estádios II e III. Ann Surg Oncol 19 Suppl 3:S682-692.

Boehme K, Simon S, Mueller SO. 2009. Perfil de expressão de genes em células ishikawa: Uma impressão digital para compostos activos de estrogénio. Toxicologia e Farmacologia Aplicada 236:85-96.

Bolli A, Galluzzo P, Ascenzi P, Del Pozzo G, Manco I, Vietri MT, et al. 2008. O tratamento

com lacase prejudica a proliferação de células cancerígenas induzida pelo bisfenol a, afectando os sinais rápidos dependentes do recetor de estrogénio alfa. IUBMB Life 60:843-852.
Bolli A, Bulzomi P, Galluzzo P, Acconcia F, Marino M. 2010. O bisfenol a prejudica os efeitos protectores induzidos pelo estradiol contra o crescimento das células do cancro do cólon dld-1. IUBMB Life 62:684-687.
Boppre M, Colegate SM, Edgar JA, Fischer OW. 2008. Hepatotoxic pyrrolizidine alkaloids in pollen and drying-related implications for commercial processing of bee pollen. J Agric Food Chem 56:5662-5672.
Boulon S, Westman BJ, Hutten S, Boisvert FM, Lamond AI. 2010. O nucléolo sob stress. Mol Cell 40:216-227.
Bouskine A, Nebout M, Brucker-Davis F, Benahmed M, Fenichel P. 2009. Baixas doses de bisfenol a promovem a proliferação de células de seminoma humano activando pka e pkg através de um recetor de estrogénio acoplado à proteína g da membrana. Environ Health Perspect 117:1053-1058.
Boyd-Kirkup JD, Green CD, Wu G, Wang D, Han JD. 2013. Epigenómica e a regulação do envelhecimento. Epigenómica 5:205-227.
Braniste V, Jouault A, Gaultier E, Polizzi A, Buisson-Brenac C, Leveque M, et al. 2010. Impacto do bisfenol a oral em doses de referência na função de barreira intestinal e diferenças de sexo após exposição perinatal em ratos. Proc Natl Acad Sci USA 107:448-453.
Bredhult C, Sahlin L, Olovsson M. 2009. Gene expression analysis of human endometrial endothelial cells exposed to bisphenol a. Reprod Toxicol 28:18-25.
Bromer JG, Zhou YP, Taylor MB, Doherty L, Taylor HS. 2010. A exposição ao bisfenol-a no útero leva a alterações epigenéticas na programação do desenvolvimento da resposta uterina ao estrogénio. Faseb Journal 24:2273-2280.
Buterin T, Koch C, Naegeli H. 2006. Perfis transcricionais convergentes induzidos por estrogénio endógeno e xenoestrogénios distintos em células de cancro da mama. Carcinogénese 27:1567-1578.
Calafat AM, Ye X, Wong LY, Reidy JA, Needham LL. 2008. Exposure of the u.S. Population to bisphenol a and 4-tertiary-octylphenol: 2003-2004. Environ Health Perspect 116:39-44.
Campbell-Thompson M, Lynch IJ, Bhardwaj B. 2001. Expressão dos subtipos de receptores de estrogénio (er) e isoformas er beta no cancro do cólon. Cancer Research 61:632-640.
Can A, Semiz O, Cinar O. 2005. O bisfenol-a induz um atraso no ciclo celular e altera a organização microtubular do centrossoma e do fuso nos oócitos durante a meiose. Mol Hum Reprod 11:389-396.
Center MM, Jemal A, Smith RA, Ward E. 2009. Variações mundiais no cancro colorrectal. CA Cancer J Clin 59:366-378.
Cerella C, Teiten MH, Radogna F, Dicato M, Diederich M. 2014. Da natureza para a cabeceira

da cama: Mecanismos pró-sobrevivência e de morte celular como alvos terapêuticos no tratamento do cancro. Biotechnol Adv, 1;32(6):1111-22.
Chen JJ, Tsai YC, Hwang TL, Wang TC. 2011. Derivados de timol, benzofuranoides e fenilpropanoides: Constituintes anti-inflamatórios do eupatorium cannabinum. J Nat Prod 74:1021-1027.
Chen T, Mei N, Fu PP. 2010. Genotoxicidade dos alcalóides de pirrolizidina. J Appl Toxicol 30:183-196.
Conour JE, Graham WV, Gaskins HR. 2004. A combined in vitro/bioinformatic investigation of redox regulatory mechanisms governing cell cycle progression. Physiol Genomics 18:196-205.
Crews D, McLachlan JA. 2006. Epigenetics, evolution, endocrine disruption, health, and disease (Epigenética, evolução, desregulação endócrina, saúde e doença). Endocrinology 147:S4-S10.
D'Aquila P, Rose G, Bellizzi D, Passarino G. 2013. Epigenética e envelhecimento. Maturitas 74:130-136.
Dairkee SH, Luciani-Torres MG, Moore DH, Goodson WH, 3º. 2013. Inativação induzida por bisfenol-a- do eixo p53 subjacente à desregulação da cinética de proliferação e morte celular em células epiteliais da mama humana não malignas. Carcinogénese 34:703-712.
Das C, Lucia MS, Hansen KC, Tyler JK. 2009. Acetilação da histona h3 na lisina 56 mediada por Cbp/p300. Nature 459:113-U123.
Debacq-Chainiaux F, Pascal T, Boilan E, Bastin C, Bauwens E, Toussaint O. 2008. O rastreio de genes associados à senescência com uma matriz de ADN específica revela o papel do igfbp-3 na senescência prematura de fibroblastos diplóides humanos. Free Radic Biol Med 44:1817-1832.
Diel P, Olff S, Schmidt S, Michna H. 2002. Efeitos dos estrogénios ambientais bisfenol a, o,p'-ddt, p-tert-octilfenol e coumestrol na indução de apoptose, proliferação celular e expressão de parâmetros moleculares sensíveis aos estrogénios na linha celular de cancro da mama humano mcf-7. J Steroid Biochem Mol Biol 80:61-70.
Doerge DR, Twaddle NC, Vanlandingham M, Fisher JW. 2010a. Pharmacokinetics of bisphenol a in neonatal and adult sprague-dawley rats. Toxicol Appl Pharmacol 247:158-165.
Doerge DR, Twaddle NC, Woodling KA, Fisher JW. 2010b. Pharmacokinetics of bisphenol a in neonatal and adult rhesus monkeys. Toxicol Appl Pharmacol 248:1-11.
Doerge DR, Twaddle NC, Vanlandingham M, Fisher JW. 2011. Farmacocinética do bisfenol a em ratinhos cd-1 neonatais e adultos: Comparações interespécies com ratos sprague-dawley e macacos rhesus. Toxicol Lett 207:298-305.
Doherty LF, Bromer JG, Zhou Y, Aldad TS, Taylor HS. 2010. A exposição in utero ao dietilstilbestrol (des) ou ao bisfenol-a (bpa) aumenta a expressão de ezh2 na glândula mamária: Um mecanismo epigenético que liga os desreguladores endócrinos ao cancro da

mama. Horm Cancer 1:146-155.
Dolinoy DC, Huang D, Jirtle RL. 2007. Maternal nutrient supplementation counteracts bisphenol a-induced DNA hypomethylation in early development. Actas da Academia Nacional de Ciências dos Estados Unidos da América 104:13056-13061.
Dong S, Terasaka S, Kiyama R. 2010. O bisfenol a induz uma rápida ativação de erk1/2 através de gpr30 em células de cancro da mama humano. Environ Pollut 159:212-218.
Dong S, Terasaka S, Kiyama R. 2011. O bisfenol a induz uma rápida ativação de erk1/2 através de gpr30 em células de cancro da mama humano. Environ Pollut 159:212-218.
Doublier S, Riganti C, Voena C, Costamagna C, Aldieri E, Pescarmona G, et al. 2008. O silenciamento de Rhoa reverte a resistência à doxorrubicina em células de cancro do cólon humano. Mol Cancer Res 6:1607-1620.
Druesne N, Pagniez A, Mayeur C, Thomas M, Cherbuy C, Duee PH, et al. 2004. Diallyl disulfide (dads) increases histone acetylation and p21(waf1/cip1) expression in human colon tumor cell lines. Carcinogénese 25:1227-1236.
Dumont P, Chainiaux F, Eliaers F, Petropoulou C, Remacle J, Koch-Brandt C, et al. 2002. Overexpression of apolipoprotein j in human fibroblasts protects against cytotoxicity and premature senescence induced by ethanol and tert-butylhydroperoxide. Cell Stress Chaperones 7:23-35.
Durchdewald M, Angel P, Hess J. 2009. O fator de transcrição fos: Um regulador do tipo janus na saúde e na doença. Histol Histopathol 24:14511461.
Edginton AN, Ritter L. 2009. Previsão das concentrações plasmáticas de bisfenol a em crianças com menos de 2 anos de idade após horários de alimentação típicos, utilizando um modelo toxicocinético de base fisiológica. Environ Health Perspect 117:645-652.
Edvardsson K, Nguyen-Vu T, Kalasekar SM, Ponten F, Gustafsson JA, Williams C. 2013. A expressão do recetor de estrogênio beta induz mudanças no pool de microrna em células de câncer de cólon humano. Carcinogénese 34:14311441.
EFSA. 2006. Autoridade Europeia para a Segurança dos Alimentos. Parecer do Painel Científico dos Aditivos Alimentares, Aromatizantes, Adjuvantes Tecnológicos e Materiais em Contacto com os Géneros Alimentícios, a pedido da Comissão, sobre um pedido relacionado com o 2,2 - bis(4-hidroxifenil) propano (bisfenol a). Disponível em: "Http://www.Efsa.Europa.Eu/fr/scdocs/scdoc/428.Htm" [acedido em janeiro de 2016].
EFSA. 2008. Autoridade Europeia para a Segurança dos Alimentos. Toxicocinética do bisfenol A - parecer científico do painel dos aditivos alimentares, aromatizantes, auxiliares tecnológicos e materiais em contacto com os alimentos. The EFSA Journal 759:1-10Disponível : em "http://www.efsa.europa.eu/fr/efsajournal/pub/759.htm". [acedido em janeiro de 2016].
EFSA. 2010. Autoridade Europeia para a Segurança dos Alimentos 2010. Scientific opinion on bisphenol A: Evaluation on a study investigating its neurodevelopmental toxicity, review

of recent scientific literature on its toxicity and advice on the danish risk assessment of bisphenol A. The EFSA Journal (2010); 8(9):1829. Availableat :

"http://www.efsa.europa.eu/en/efsajournal/pub/1829.htm." [acedido em janeiro de 2016].

EFSA. 2014. Autoridade Europeia para a Segurança dos Alimentos. Bisfenol A. Disponível em: "http://www.efsa.europa.eu/en/topics/topic/bisphenol.htm". [acedido em janeiro de 2016].

Ehrlich S, Williams PL, Missmer SA, Flaws JA, Berry KF, Calafat AM, et al. 2012. Concentrações urinárias de bisfenol a e falha de implantação entre mulheres submetidas a fertilização in vitro. Environ Health Perspect 120:978-983.

Eom YW, Kim MA, Park SS, Goo MJ, Kwon HJ, Sohn S, et al. 2005. Dois modos distintos de morte celular induzida pela doxorrubicina: Apoptose e morte celular através de catástrofe mitótica acompanhada de fenótipo semelhante à senescência. Oncogene 24:4765-4777.

EPA US. 1993. Agência de Proteção Ambiental dos EUA. Sistema Integrado de Informação de Riscos (IRIS) - Bisfenol A. Disponível em: "http://www.epa.gov/iris/subst/0356.htm". [acedido em janeiro de 2016].

Comissão Europeia. 2011. Diretiva 2011/8/UE da Comissão. Jornal Oficial L 26, 28 de janeiro de 2011, 11-14 Disponível em: "http://eur-lex.europa.eu/LexUriServ/LexUriServ.do?uri=OJ:L:2011:026:0011:0014:E N:PDF". [acedido em janeiro de 2016].

Fang JY, Lu YY. 2002. Effects of histone acetylation and DNA methylation on p21(waf1) regulation. World J Gastroenterol 8:400-405.

Fernandez SV, Huang Y, Snider KE, Zhou Y, Pogash TJ, Russo J. 2012. Alterações da expressão e da metilação do ADN em células epiteliais da mama humana após exposição ao bisfenol a. Int J Oncol 41:369-377.

Fisher JW, Twaddle NC, Vanlandingham M, Doerge DR. 2011. Modelação farmacocinética: Previsão e avaliação da dosimetria dependente da via do bisfenol a em macacos com extrapolação para humanos. Toxicol Appl Pharmacol 257:122-136.

Forgo P, Zupko I, Molnar J, Vasas A, Dombi G, Hohmann J. 2012. Isolamento guiado por bioatividade de compostos antiproliferativos de centaurea jacea l. Fitoterapia 83:921-925.

Fregert S, Rorsman H. 1962. Hypersensitivity to epoxy resins with reference to the role played by bisphenol a. J Invest Dermatol 39:471-472.

Fu PP, Yang YX, Q. Chou MW, Cui YY, G. Lin G. 2002. Pyrrolizidine alkaloids - tumorigenic components in chinese herbal medicines and dietary supplements Journal of Food and Drug Analysis 10:198-211

Fu PP, Xia Q, Lin G, Chou MW. 2004. Alcalóides de pirrolizidina - genotoxicidade, enzimas do metabolismo, ativação metabólica e mecanismos. Drug Metab Rev 36:1-55.

Gamen S, Anel A, Perez-Galan P, Lasierra P, Johnson D, Pineiro A, et al. 2000. Doxorubicin

treatment activates a z-vad-sensitive caspase, which causes deltapsim loss, caspase-9 activity, and apoptosis in jurkat cells. Exp Cell Res 258:223-235.
Gao H, Wang H, Peng J. 2013. A hispidulina induz a apoptose através da disfunção mitocondrial e da inibição da via de sinalização p13k/akt em células cancerígenas hepg2. Cell Biochem Biophys, 69(1):27-34.
Gasnier C, Laurant C, Decroix-Laporte C, Mesnage R, Clair E, Travert C, et al. 2011. Os extractos de plantas definidos podem proteger as células humanas contra os efeitos xenobióticos combinados. J Occup Med Toxicol 6:3.
Gassmann R, Carvalho A, Henzing AJ, Ruchaud S, Hudson DF, Honda R, et al. 2004. Borealin: A novel chromosomal passenger required for stability of the bipolar mitotic spindle. J Cell Biol 166:179-191.
Gaul LE. 1960. Sensibilidade ao bisfenol a. Arch Dermatol 82:1003.
Geens T, Goeyens L, Covaci A. 2011. As potenciais fontes de exposição humana ao bisfenol-a estão a ser ignoradas? Int J Hyg Environ Health 214:339347.
Geens T, Aerts D, Berthot C, Bourguignon JP, Goeyens L, Lecomte P, et al. 2012. A review of dietary and non-dietary exposure to bisphenol-a. Food Chem Toxicol 50:3725-3740.
George O, Bryant BK, Chinnasamy R, Corona C, Arterburn JB, Shuster CB. 2008. O bisfenol a visa diretamente a tubulina para perturbar a organização do fuso em células embrionárias e somáticas. ACS Chem Biol 3:167-179.
Ginsberg G, Rice DC. 2009. Será que o metabolismo rápido garante um risco negligenciável do bisfenol a? Environ Health Perspect 117:1639-1643.
Greene RF, Collins JM, Jenkins JF, Speyer JL, Myers CE. 1983. Plasma pharmacokinetics of adriamycin and adriamycinol: Implications for the design of in vitro experiments and treatment protocols. Cancer Res 43:3417-3421.
Habtemariam S, Macpherson AM. 2000. Citotoxicidade e atividade antibacteriana do extrato de etanol das folhas de um medicamento à base de plantas, boneset (eupatorium perfoliatum). Phytother Res 14:575-577.
Hajszan T, Leranth C. 2010. O bisfenol a interfere com a remodelação sináptica. Front Neuroendocrinol 31:519-530.
Hanahan D, Weinberg RA. 2011. Caraterísticas do cancro: A próxima geração. Célula 144:646-674.
Harley KG, Gunier RB, Kogut K, Johnson C, Bradman A, Calafat AM, et al. 2013. Concentrações de bisfenol a no pré-natal e na primeira infância e comportamento em crianças em idade escolar. Environ Res 126:43-50.
Harun FB, Syed Sahil Jamalullail SM, Yin KB, Othman Z, Tilwari A, Balaram P. 2012. A morte celular autofágica é induzida por extractos de acetona e acetato de etilo de eupatorium odoratum in vitro: Efeitos nas linhas celulares mcf-7 e vero. ScientificWorldJournal 2012:439479.

He Y, Miao M, Wu C, Yuan W, Gao E, Zhou Z, et al. 2009. Occupational exposure levels of bisphenol a among chinese workers (Níveis de exposição ocupacional ao bisfenol a entre trabalhadores chineses). J Occup Health 51:432-436.
Hengstler JG, Foth H, Gebel T, Kramer PJ, Lilienblum W, Schweinfurth H, et al. 2011. Critical evaluation of key evidence on the human health hazards of exposure to bisphenol a. Crit Rev Toxicol 41:263-291.
Higashi Y, Sukhanov S, Anwar A, Shai SY, Delafontaine P. 2012. Aging, atherosclerosis, and igf-1. J Gerontol A Biol Sci Med Sci 67:626-639.
Hon G, Wang W, Ren B. 2009. Descoberta e anotação de assinaturas de cromatina funcional no genoma humano. PLoS Comput Biol 5:e1000566.
Hong SB, Hong YC, Kim JW, Park EJ, Shin MS, Kim BN, et al. 2013. Bisfenol a em relação ao comportamento e à aprendizagem de crianças em idade escolar. J Child Psychol Psychiatry 54:890-899.
Honkanen JO, Holopainen IJ, Kukkonen JV. 2004. O bisfenol a induz edema do saco vitelino e outros efeitos adversos em alevins do saco vitelino de salmão sem litoral (salmo salar m. Sebago). Chemosphere 55:187-196.
Hugo ER, Brandebourg TD, Woo JG, Loftus J, Alexander JW, Ben-Jonathan N. 2008. O bisfenol a em doses ambientalmente relevantes inibe a libertação de adiponectina de explantes de tecido adiposo humano e adipócitos. Environ Health Perspect 116:1642-1647.
Hwang ES, Yoon G, Kang HT. 2009. A comparative analysis of the cell biology of senescence and aging. Cell Mol Life Sci 66:2503-2524.
Hwang KA, Kang NH, Yi BR, Lee HR, Park MA, Choi KC. 2013a. A genisteína, um fitoestrogénio da soja, impede o crescimento de células de cancro do ovário bg-1 induzidas por 17beta-estradiol ou bisfenol a através da inibição da progressão do ciclo celular. Int J Oncol 42:733-740.
Hwang KA, Park MA, Kang NH, Yi BR, Hyun SH, Jeung EB, et al. 2013b. Efeito anticancerígeno da genisteína no crescimento do cancro do ovário bg-1 induzido por 17 beta-estradiol ou bisfenol a através da supressão do crosstalk entre o recetor de estrogénio alfa e as vias de sinalização do recetor do fator de crescimento semelhante à insulina-1. Toxicol Appl Pharmacol 272:637-646.
Illingworth C, Pirmadjid N, Serhal P, Howe K, Fitzharris G. 2010. Mcak regula o alinhamento dos cromossomas mas não é necessário para prevenir a aneuploidia na meiose i do oócito do rato. Desenvolvimento 137:2133-2138.
Iso T, Watanabe T, Iwamoto T, Shimamoto A, Furuichi Y. 2006. Danos no ADN causados pelo bisfenol a e pelo estradiol através da atividade estrogénica. Biol Pharm Bull 29:206-210.
Jaric S, Popovic Z, Macukanovic-Jocic M, Djurdjevic L, Mijatovic M, Karadzic B, et al. 2007. Um estudo etnobotânico sobre a utilização de ervas medicinais selvagens da montanha kopaonik (Sérvia Central). J Ethnopharmacol 111:160-175.

Jin G, Howe PH. 1999. O fator de crescimento transformador beta regula a expressão do gene da clusterina através da modulação do fator de transcrição c-fos. Eur J Biochem 263:534-542.

Johnson GE, Parry EM. 2008. Investigações mecanicistas da exposição a baixas doses dos compostos genotóxicos bisfenol-a e rotenona. Mutat Res 651:56-63.

Kabil A, Silva E, Kortenkamp A. 2008. Estrogénios e instabilidade genómica em células de cancro da mama humano - envolvimento da sinalização src/raf/erk na formação de micronúcleos por químicos estrogénicos. Carcinogénese 29:18621868.

Kang JH, Ri N, Kondo F. 2004. A estirpe de Streptomyces sp. isolada da água do rio tem uma elevada degradabilidade do bisfenol a. Lett Appl Microbiol 39:178180.

Kapadia GJ, Rao GS, Ramachandran C, Iida A, Suzuki N, Tokuda H. 2013. Citotoxicidade sinérgica do extrato de beterraba vermelha (beta vulgaris l.) com doxorrubicina em linhas celulares de cancro humano do pâncreas, da mama e da próstata. J Complement Integr Med 26; 10.

Khaidakov M, Wang X, Mehta JL. 2011. Potencial envolvimento de lox-1 nas consequências funcionais da senescência endotelial. PLoS One 6:e20964.

Kim HS, Lee YS, Kim DK. 2009. A doxorrubicina exerce efeitos citotóxicos através da paragem do ciclo celular e da morte celular mediada por fas. Pharmacology 84:300-309.

Kim K, Son TG, Kim SJ, Kim HS, Kim TS, Han SY, et al. 2007. Suppressive effects of bisphenol a on the proliferation of neural progenitor cells. J Toxicol Environ Health A 70:1288-1295.

Kimura M, Yoshioka T, Saio M, Banno Y, Nagaoka H, Okano Y. 2013. Catástrofe mitótica e morte celular induzida pela depleção de proteínas centrosomais. Cell Death Dis 4:e603.

Kitajima TS, Sakuno T, Ishiguro K, Iemura S, Natsume T, Kawashima SA, et al. 2006. Shugoshin colabora com a proteína fosfatase 2a para proteger a coesina. Nature 441:46-52.

Knaak JB, Sullivan LJ. 1966. Metabolismo do bisfenol a no rato. Toxicol Appl Pharmacol 8:175-184.

Kochler BC, Jager D, Schulze-Bergkamen H. 2014. Visando a sinalização da morte celular no câncer colorretal: Estratégias actuais e perspectivas futuras. World J Gastroenterol 20:1923-1934.

Kollareddy M, Dzubak P, Zheleva D, Hajduch M. 2008. Aurora kinases: Structure, functions and their association with cancer. Biomed Pap Med Fac Univ Palacky Olomouc Czech Repub 152:27-33.

Kozel C. 1982. Guía de medicina natural isbn:8485868005. Barcelona, Espanha.

Krishnan AV, Stathis P, Permuth SF, Tokes L, Feldman D. 1993. Bisfenol-a: An estrogenic substance is released from polycarbonate flasks during autoclaving. Endocrinologia 132:2279-2286.

Laemmli UK. 1970. Clivagem de proteínas estruturais durante a montagem da cabeça do bacteriófago t4. Nature 227(5259):680-5.

Lagos-Cabre R, Moreno RD. 2012. Contribuição dos poluentes ambientais para a infertilidade masculina: Um modelo de trabalho de apoptose de células germinativas induzida por plastificantes. Biol Res 45:5-14.
Lakind JS, Naiman DQ. 2010. Daily intake of bisphenol a and potential sources of exposure: 2005-2006 national health and nutrition examination survey. J Expo Sci Environ Epidemiol 21:272-279.
LaPensee EW, Tuttle TR, Fox SR, Ben-Jonathan N. 2009. O bisfenol a em doses nanomolares baixas confere quimiorresistência em células de cancro da mama negativas e positivas para o recetor de estrogénio. Environ Health Perspect 117:175-180.
LaPensee EW, LaPensee CR, Fox S, Schwemberger S, Afton S, Ben- Jonathan N. 2010. O bisfenol a e o estradiol são equipotentes na antagonização da citotoxicidade induzida pela cisplatina em células de cancro da mama. Cancer Lett 290:167173.
Lebaron MJ, Rasoulpour RJ, Klapacz J, Ellis-Hutchings RG, Hollnagel HM, Gollapudi BB. 2010. Epigenética e avaliação da segurança química. Mutat Res. 705(2):83-95.
Lee HT, Kim SK, Choi MR, Park JH, Jung KH, Chai YG. 2013. Efeitos da via da proteína quinase activada por mitogénio através do recetor tirosina quinase c-ros na linha celular de cancro da mama t47d após exposição ao álcool. Oncol Rep 29:868-874.
Lee JG, Kim JH, Ahn JH, Lee KT, Baek NI, Choi JH. 2013. A jaceosidina, isolada da artemísia da dieta (artemisia princeps), induz a paragem do ciclo celular g2/m ao inativar o cdc25c-cdc2 através da ativação do atm-chk1/2. Food Chem Toxicol 55:214-221.
Lee SM, Youn B, Kim CS, Kim CS, Kang C, Kim J. 2005. A irradiação gama e o tratamento com doxorrubicina de células humanas normais causam paragem do ciclo celular através de diferentes vias. Mol Cells 20:331-338.
Lee YH, Kim GE, Cho HJ, Yu MK, Bhattarai G, Lee NH, et al. 2013. O envelhecimento da polpa in vitro ilustra a alteração da inflamação e da dentinogénese. J Endod 39:340-345.
Lenie S, Cortvrindt R, Eichenlaub-Ritter U, Smitz J. 2008. A exposição contínua ao bisfenol a durante o desenvolvimento folicular in vitro induz anomalias meióticas. Mutat Res 651:71-81.
Li D, Zhou Z, Qing D, He Y, Wu T, Miao M, et al. 2010. Occupational exposure to bisphenol-a (bpa) and the risk of self-reported male sexual dysfunction. Hum Reprod 25:519-527.
Li DK, Zhou Z, Miao M, He Y, Wang J, Ferber J, et al. 2011. Nível de bisfenol-a (bpa) na urina em relação à qualidade do sémen. Fertil Steril 95:625-630 e621-624.
Lind PM, Lind L. 2011. Circulating levels of bisphenol a and phthalates are related to carotid atherosclerosis in the elderly. Atherosclerosis 218:207-213.
Lupertz R, Watjen W, Kahl R, Chovolou Y. 2010. Efeitos dependentes da dose e do tempo da doxorrubicina na citotoxicidade, ciclo celular e morte celular apoptótica em células cancerígenas do cólon humano. Toxicologia 271:115-121.
Magakian YA, Karalyan ZA, Karalova EM, Abroyan LO, Akopyan LA, Gasparyan MH, et

al. 2009. Análise multiparamétrica comparativa das reacções de culturas de células hela e rd ao solcoseril. Boletim de Biologia Experimental e Medicina 148:615-618.
Malugin A, Kopeckova P, Kopecek J. 2007. A libertação de doxorrubicina do conjugado de copolímero hpma é essencial para a indução da paragem do ciclo celular e da fragmentação nuclear em células de carcinoma do ovário. J Control Release 124:6-10.
Matsushima A, Kakuta Y, Teramoto T, Koshiba T, Liu X, Okada H, et al. 2007. Structural evidence for endocrine disruptor bisphenol a binding to human nuclear recetor err gamma. J Biochem 142:517-524.
Matthews JB, Twomey K, Zacharewski TR. 2001. Interações in vitro e in vivo do bisfenol a e do seu metabolito, bisfenol a glucuronide, com receptores de estrogénio alfa e beta. Chem Res Toxicol 14:149-157.
Mazzarelli P, Pucci S, Spagnoli LG. 2009. Clu e cancro do cólon. A dupla face do clu: Do fenótipo normal ao fenótipo maligno. Adv Cancer Res 105:4561.
Melzer D, Rice NE, Lewis C, Henley WE, Galloway TS. 2010. Association of urinary bisphenol a concentration with heart disease (Associação da concentração urinária de bisfenol a com doenças cardíacas): Evidence from nhanes 2003/06. PLoS One 5:e8673.
Melzer D, Gates P, Osborne NJ, Henley WE, Cipelli R, Young A, et al. 2012. Urinary bisphenol a concentration and angiography-defined coronary artery stenosis. PLoS One 7:e43378.
Mezcua M, Martinez-Uroz MA, Gomez-Ramos MM, Gomez MJ, Navas JM, Fernandez-Alba AR. 2012. Análise de substâncias químicas sintéticas desreguladoras do sistema endócrino nos alimentos: A review. Talanta 100:90-106.
Michels J, Kepp O, Senovilla L, Lissa D, Castedo M, Kroemer G, et al. 2013. Funções do bcl-x l na interface entre a morte celular e o metabolismo. Int J Cell Biol 2013:705294.
Mielke H, Gundert-Remy U. 2009. Os níveis de bisfenol a no sangue dependem da idade e da exposição. Toxicol Lett 190:32-40.
Mlynarcikova A, Macho L, Fickova M. 2013. O bisfenol a sozinho ou em combinação com estradiol modula proteínas e genes relacionados ao ciclo celular e à apoptose em células mcf7. Endocr Regul 47:189-199.
Mongelard F, Bouvet P. 2007. Nucleolina: Uma proteína multifacetada. Trends Cell Biol 17:80-86.
Moon JW, Lee SK, Lee YW, Lee JO, Kim N, Lee HJ, et al. 2014. O álcool induz a proliferação celular através da hipermetilação de adhfe1 em células de cancro colorrectal. BMC Cancer 14:377.
Morice L, Benaitreau D, Dieudonne MN, Morvan C, Serazin V, de Mazancourt P, et al. 2011. Efeitos antiproliferativos e proapoptóticos do bisfenol a nas células trofoblásticas humanas jeg-3. Reprod Toxicol 32:69-76.
Naciff JM, Khambatta ZS, Reichling TD, Carr GJ, Tiesman JP, Singleton DW, et al. 2010. A

resposta genómica das células ishikawa à exposição ao bisfenol a é dependente da dose e do tempo. Toxicology 270:137-149.
Nahar MS, Soliman AS, Colacino JA, Calafat AM, Battige K, Hablas A, et al. 2012. Concentrações urinárias de bisfenol a em raparigas do Egito rural e urbano: Um estudo piloto. Saúde Ambiental 11:20.
Nakagomi M, Suzuki E, Usumi K, Saitoh Y, Yoshimura S, Nagao T, et al. 2001. Effects of endocrine disrupting chemicals on the microtubule network in chinese hamster v79 cells in culture and in sertoli cells in rats. Teratog Carcinog Mutagen 21:453-462.
Nikonova AS, Astsaturov I, Serebriiskii IG, Dunbrack RL, Jr., Golemis EA. 2013. Aurora a kinase (aurka) na divisão celular normal e patológica. Cell Mol Life Sci 70:661-687.
NTP. 1982. Programa Nacional de Toxicologia, Departamento de Saúde e Serviços Humanos dos EUA, 1982. Carcinogenesis bioassay of bisphenol A in F344 rat and B6C3f1 mice (feed study). Relatório técnico série N°215. Disponível em: "http://ntp.niehs.nih.gov/?objectid=0706194F-FF39-0F1B-74A83661261ABA96". [acedido em janeiro de 2016].
NTP. 2001. Programa Nacional de Toxicologia, Departamento de Saúde e Serviços Humanos dos EUA, 2001. Endocrine Disruptors Low-Dose Peer Review Final Report. Disponível em : http://ntp.niehs.nih.gov/ntp/htdocs/liason/LowDosePeerFinalRpt.pdf. [acedido em janeiro de 2016].
Ochi T. 1999. Indução de múltiplos centros organizadores de microtúbulos, fusos multipolares e divisão multipolar em células v79 em cultura expostas a dietilstilbestrol, estradiol-17beta e bisfenol a. Mutat Res 431:105121.
Ostertag EM, Kazazian HH, Jr. 2001. Biologia dos retrotransposões l1 dos mamíferos. Annu Rev Genet 35:501-538.
Otto C, Rohde-Schulz B, Schwarz G, Fuchs I, Klewer M, Brittain D, et al. 2008. O recetor 30 acoplado à proteína G localiza-se no retículo endoplasmático e não é ativado pelo estradiol. Endocrinologia 149:4846-4856.
Pacchierotti F, Ranaldi R, Eichenlaub-Ritter U, Attia S, Adler ID. 2008. Avaliação dos efeitos aneugénicos do bisfenol a em células somáticas e germinativas do rato. Mutat Res 651:64-70.
Pandey MK, Liu G, Cooper TK, Mulder KM. 2012. O knockdown de c-fos suprime o crescimento de células de carcinoma do cólon humano em ratos atímicos. Int J Cancer 130:213-222.
Paolini J, Costa J, Bernardini AF. 2005. Análise do óleo essencial de partes aéreas de eupatorium cannabinum subsp. Corsicum (l.) por cromatografia gasosa com impacto de electrões e espetrometria de massa com ionização química. J Chromatogr A 1076:170-178.
Park SS, Kim MA, Eom YW, Choi KS. 2007. Bcl-xl bloqueia a apoptose induzida por doses elevadas de doxorrubicina, mas não a morte celular induzida por doses baixas de

doxorrubicina, através de catástrofe mitótica. Biochem Biophys Res Commun 363:1044-1049.
Parry EM, Parry JM, Corso C, Doherty A, Haddad F, Hermine TF, et al. 2002. Deteção e caraterização de mecanismos de ação de produtos químicos aneugénicos. Mutagenesis 17:509-521.
Pennie WD, Aldridge TC, Brooks AN. 1998. Ativação diferencial por xenoestrogénios de er alfa e er beta quando ligados a diferentes elementos de resposta. J Endocrinol 158:R11-14.
Pfeiffer E, Rosenberg B, Deuschel S, Metzler M. 1997. Interferência com microtúbulos e indução de micronúcleos in vitro por vários bisfenóis. Mutat Res 390:21-31.
Poehlmann A, Reissig K, Just A, Walluscheck D, Hartig R, Schinlauer A, et al. 2013. Função não apoptótica das caspases num modelo celular de colite associada ao peróxido de hidrogénio. J Cell Mol Med 17:901-913.
Pottenger LH, Domoradzki JY, Markham DA, Hansen SC, Cagen SZ, Waechter JM, Jr. 2000. A biodisponibilidade relativa e o metabolismo do bisfenol a em ratos dependem da via de administração. Toxicol Sci 54:3-18.
Ptak A, Wrobel A, Gregoraszczuk EL. 2011. Efeito do bisfenol-a na expressão de genes selecionados envolvidos no ciclo celular e na apoptose na linha celular ovcar-3. Toxicol Lett 202:30-35.
Pucci S, Mazzarelli P, Nucci C, Ricci F, Spagnoli LG. 2009. Clu "dentro e fora": À procura de uma ligação. Adv Cancer Res 105:93-113.
Pupo M, Pisano A, Lappano R, Santolla MF, De Francesco EM, Abonante S, et al. 2012. O bisfenol a induz alterações na expressão genética e efeitos proliferativos através do gper em células de cancro da mama e fibroblastos associados ao cancro. Environ Health Perspect 120:1177-1182.
Puzianowska-Kuznicka M, Kuznicki J. 2005. Alterações genéticas em síndromes de envelhecimento acelerado. Desempenham elas um papel no envelhecimento natural? Int J Biochem Cell Biol 37:947-960
Qin XY, Fukuda T, Yang L, Zaha H, Akanuma H, Zeng Q, et al. 2012. Effects of bisphenol a exposure on the proliferation and senescence of normal human mammary epithelial cells (Efeitos da exposição ao bisfenol a na proliferação e senescência de células epiteliais mamárias humanas normais). Cancer Biol Ther 13:296-306.
Ravizza R, Gariboldi MB, Passarelli L, Monti E. 2004. Papel do sistema p53/p21 na resposta das células do carcinoma do cólon humano à doxorrubicina. BMC Cancer 4:92.
Raynaud-Messina B, Merdes A. 2007. Complexos de gama-tubulina e organização de microtúbulos. Curr Opin Cell Biol 19:24-30.
Ribeiro-Varandas E, Viegas W, Pereira HS, Delgado M. 2013. O bisfenol a em concentrações encontradas no soro humano induz efeitos aneugénicos em células endoteliais. Mutat Res 751:27-33.

Ribeiro-Varandas E, Pereira HS, Monteiro S, Neves E, Brito L, Ferreira RB, et al. 2014a. O bisfenol a interrompe a transcrição e diminui a viabilidade em células endoteliais vasculares envelhecidas. Int J Mol Sci 15:15791-15805.

Ribeiro-Varandas E, Ressurreicao F, Viegas W, Delgado M. 2014b. Citotoxicidade do extrato etanólico de eupatorium cannabinum l. contra células cancerígenas do cólon e interações com bisfenol a e doxorrubicina. BMC Complement Altern Med 14:264.

Ribeiro-Varandas E. Pereira HS, Monteiro S., Boavida Ferreira R., Neves E., Brito L., Viegas W., Delgado M. O poluente ambiental bisfenol a interfere na estrutura nucleolar. In: Actas da Conferência Internacional de Engenharia Biomédica e Biotecnologia, 2012. Macau, pp.1811-1814.

Ribeiro-Varandas E. Pereira HS, Monteiro S., Boavida Ferreira R., Neves E., Brito L., Viegas W., Delgado M. O poluente ambiental bisfenol a interfere na estrutura nucleolar. In: Actas da Conferência Internacional de Engenharia Biomédica e Biotecnologia, 2012. Macau, pp.1811-1814.

Ricupito A, Del Pozzo G, Diano N, Grano V, Portaccio M, Marino M, et al. 2009. Efeito do bisfenol a com ou sem tratamento enzimático na proliferação e viabilidade das células mcf-7. Environ Int 35:21-26.

Riganti C, Doublier S, Viarisio D, Miraglia E, Pescarmona G, Ghigo D, et al. 2009. A artemisinina induz a resistência à doxorrubicina em células de cancro do cólon humano através da ativação dependente de cálcio da hif-1alfa e da sobreexpressão da glicoproteína p. Br J Pharmacol 156:1054-1066.

Rivera T, Ghenoiu C, Rodriguez-Corsino M, Mochida S, Funabiki H, Losada A. 2012. Xenopus shugoshin 2 regula a via de montagem do fuso mediada pelo complexo cromossômico de passageiros. Embo J 31:1467-1479.

Robert V, Mouille B, Mayeur C, Michaud M, Blachier F. 2001. Efeitos do composto de alho dissulfureto de dialilo no metabolismo, adesão e ciclo celular das células do carcinoma do cólon ht-29: Evidência de subpopulações sensíveis e resistentes. Carcinogénese 22:1155-1161.

Rochester JR. 2013. Bisfenol a e saúde humana: A review of the literature. Reprod Toxicol 42:132-155.

Roeder E, Wiedenfeld H. 2013. Plantas que contêm alcalóides de pirrolizidina utilizados na medicina tradicional indiana - incluindo ayurveda. Pharmazie 68:83-92.

Routledge EJ, White R, Parker MG, Sumpter JP. 2000. Differential effects of xenoestrogens on coactivator recruitment by estrogen recetor (er) alpha and erbeta. J Biol Chem 275:35986-35993.

Rubin BS. 2011. Bisfenol a: An endocrine disruptor with widespread exposure and multiple effects. J Steroid Biochem Mol Biol 127:27-34.

Rucker G, Schenkel EP, Manns D, Mayer R, Hausen BM, Heiden K. 1997. Lactonas

sesquiterpénicas alergénicas de eupatorium cannabinum l. e kaunia rufescens (lund ex de candolle). Nat Toxins 5:223-227.
Rudel RA, Gray JM, Engel CL, Rawsthorne TW, Dodson RE, Ackerman JM, et al. 2011. Food packaging and bisphenol a and bis(2-ethyhexyl) phthalate exposure: Resultados de uma intervenção dietética. Environ Health Perspect 119:914-920.
Salameh A, Galvagni F, Anselmi F, De Clemente C, Orlandini M, Oliviero S. 2010. A estimulação do fator de crescimento induz a sobrevivência celular por c-jun. Ativação de bcl-xl dependente de atf2. J Biol Chem 285:23096-23104.
Schmidt GJ, Schilling EE. 2000. Phylogeny and biogeography of eupatorium (asteraceae: Eupatorieae) based on nuclear its sequence data. Am J Bot 87:716-726.
Schonfelder G, Wittfoht W, Hopp H, Talsness CE, Paul M, Chahoud I. 2002. Parent bisphenol a accumulation in the human maternal-fetal- placental unit. Environmental Health Perspectives 110:A703-A707.
Sekizawa J. 2008. Efeitos de baixa dose de bisfenol a: Uma séria ameaça à saúde humana? Jornal de Ciências Toxicológicas 33:389-403.
Sellers K, Raval P, Srivastava DP. 2014. Assinatura molecular da regulação rápida do estrogénio da conetividade sináptica e da cognição. Front Neuroendocrinol. 36:72-89.
Shanle EK, Xu W. 2010. Substâncias químicas desreguladoras endócrinas que visam a sinalização do recetor de estrogénio: Identificação e mecanismos de ação. Chem Res Toxicol 24:6-19.
Shaulian E, Karin M. 2002. Ap-1 as a regulator of cell life and death. Nat Cell Biol 4:E131-136.
Shelton DN, Chang E, Whittier PS, Choi D, Funk WD. 1999. Microarray analysis of replicative senescence. Curr Biol 9:939-945.
Sieli PT, Jasarevic E, Warzak DA, Mao J, Ellersieck MR, Liao C, et al. 2011. Comparação das concentrações séricas de bisfenol a em ratos expostos ao bisfenol a através da dieta versus exposição oral em bolus. Environ Health Perspect 119:1260-1265.
Silver MK, O'Neill MS, Sowers MR, Park SK. 2011. Urinary bisphenol a and type-2 diabetes in u.S. Adults: Data from nhanes 2003-2008. PLoS One 6:e26868.
Singh S, Li SS. 2012. Efeitos epigenéticos dos produtos químicos ambientais bisfenol a e ftalatos. Int J Mol Sci 13:10143-10153.
Soto AM, Sonnenschein C. 2010. Causas ambientais do cancro: Endocrine disruptors as carcinogens. Nat Rev Endocrinol 6:363-370.
Spijker S, Van Zanten JS, De Jong S, Penninx BW, van Dyck R, Zitman FG, et al. 2010. Perfis de expressão genética estimulados como marcador sanguíneo da perturbação depressiva major. Biol Psychiatry 68:179-186.
Stahlhut RW, Welshons WV, Swan SH. 2009. Os dados sobre o bisfenol a em nhanes sugerem uma semi-vida mais longa do que o esperado, uma exposição substancial não alimentar, ou

ambos. Environ Health Perspect 117:784-789.
Sulsen VP, Cazorla SI, Frank FM, Redko FC, Anesini CA, Coussio JD, et al. 2007. Actividades tripanocida e leishmanicida de flavonóides de plantas medicinais argentinas. Am J Trop Med Hyg 77:654-659.
Szyf M. 2007. O epigenoma dinâmico e as suas implicações na toxicologia. Ciências Toxicológicas 100:7-23.
Takada Y, Kato C, Kondo S, Korenaga R, Ando J. 1997. Clonagem de cdnas que codifica o recetor acoplado à proteína g expresso em células endoteliais humanas expostas a tensão de cisalhamento de fluidos. Biochem Biophys Res Commun 240:737-741.
Takayanagi S, Tokunaga T, Liu X, Okada H, Matsushima A, Shimohigashi Y. 2006. O disruptor endócrino bisfenol a liga-se fortemente a
recetor humano relacionado com o estrogénio gama (errgamma) com elevada atividade constitutiva. Toxicol Lett 167:95-105.
Tanaka M, Ueda A, Kanamori H, Ideguchi H, Yang J, Kitajima S, et al. 2002. Cell-cycle-dependent regulation of human aurora a transcription is mediated by periodic repression of e4tf1. J Biol Chem 277:10719-10726.
Tanno Y, Kitajima TS, Honda T, Ando Y, Ishiguro K, Watanabe Y. 2010. Phosphorylation of mammalian sgo2 by aurora b recruits pp2a and mcak to centromeres. Genes Dev 24:2169-2179.
Tayama S, Nakagawa Y, Tayama K. 2008. Efeitos genotóxicos de compostos ambientais semelhantes a estrogénios em células cho-k1. Mutat Res 649:114-125.
Taylor JA, Vom Saal FS, Welshons WV, Drury B, Rottinghaus G, Hunt PA, et al. 2011. Similaridade da farmacocinética do bisfenol a em macacos rhesus e ratos: Relevância para a exposição humana. Environ Health Perspect 119:422-430.
Teeguarden JG, Waechter JM, Jr., Clewell HJ, 3º, Covington TR, Barton HA. 2005. Evaluation of oral and intravenous route pharmacokinetics, plasma protein binding, and uterine tissue dose metrics of bisphenol a: A physiologically based pharmacokinetic approach. Toxicol Sci 85:823-838.
Teeguarden JG, Calafat AM, Ye X, Doerge DR, Churchwell MI, Gunawan R, et al. 2011. Perfis de urina e soro humanos de 24 horas de bisfenol a durante a exposição alimentar elevada. Toxicol Sci 123:48-57.
Teeguarden JG, Hanson-Drury S. 2013. Uma revisão sistemática dos estudos de "baixa dose" do bisfenol a no contexto da exposição humana: A case for establishing standards for reporting "low-dose" effects of chemicals. Food Chem Toxicol 62:935-948.
Thomas P, Dong J. 2006. Ligação e ativação do recetor de estrogénio de sete transmembranas gpr30 por estrogénios ambientais: Um potencial novo mecanismo de desregulação endócrina. J Steroid Biochem Mol Biol 102:175-179.
Tominaga T, Negishi T, Hirooka H, Miyachi A, Inoue A, Hayasaka I, et al. 2006.

Toxicocinética do bisfenol a em ratos, macacos e chimpanzés pelo método lc-ms/ms. Toxicologia 226:208-217.

Toth B, Saadat G, Geller A, Scholz C, Schulze S, Friese K, et al. 2008. As células endoteliais vasculares umbilicais humanas expressam o recetor de estrogénio beta (er beta) e o recetor de progesterona a (pr-a), mas não er alfa e pr-b. Histochemistry and Cell Biology 130:399-405.

Toussaint O, Medrano EE, von Zglinicki T. 2000. Cellular and molecular mechanisms of stress-induced premature senescence (sips) of human diploid fibroblasts and melanocytes. Exp Gerontol 35:927-945.

Tranoy-Opalinski I, Legigan T, Barat R, Clarhaut J, Thomas M, Renoux B, et al. 2014. Pró-fármacos responsivos à beta-glucuronidase para quimioterapia selectiva do cancro: Uma atualização. Eur J Med Chem 74:302-313.

Turck N, Richert S, Gendry P, Stutzmann J, Kedinger M, Leize E, et al. 2004. Proteomic analysis of nuclear proteins from proliferative and differentiated human colonic intestinal epithelial cells. Proteomics 4:93105.

Tyl RW, Myers CB, Marr MC, Thomas BF, Keimowitz AR, Brine DR, et al. 2002. Three-generation reproductive toxicity study of dietary bisphenol a in cd sprague-dawley rats. Toxicol Sci 68:121-146.

Uchida K, Suzuki A, Kobayashi Y, Buchanan D, Sato T, Watanabe H, et al. 2002. A administração de bisfenol-a durante a gravidez resulta em exposição fetal em ratos e macacos. J Health Sci 48:579-582.

USEPA. 2014. Bisfenol a. Sistema integrado de informação de risco u.S. Environmentalprotectionagency . Available: Http://www.Epa.Gov/iris/subst/0356.Htm [acedido em janeiro de 2016]

van der Loo B, Fenton MJ, Erusalimsky JD. 1998. Cytochemical detection of a senescence-associated beta-galactosidase in endothelial and smooth muscle cells from human and rabbit blood vessels. Exp Cell Res 241:309-315.

Van Vre EA, Ait-Oufella H, Tedgui A, Mallat Z. 2012. Morte celular apoptótica e eferocitose na aterosclerose. Arterioscler Thromb Vasc Biol 32:887-893.

Vandenberg LN, Hauser R, Marcus M, Olea N, Welshons WV. 2007. Exposição humana ao bisfenol a (bpa). Reproductive Toxicology 24:139177.

Vandenberg LN, Maffini MV, Sonnenschein C, Rubin BS, Soto AM. 2009. Bisfenol-a e a grande divisão: A review of controversies in the field of endocrine disruption. Endocrine Reviews 30:75-95.

Vandenberg LN, Chahoud I, Heindel JJ, Padmanabhan V, Paumgartten FJ, Schoenfelder G. 2010. Estudos de biomonitorização urinária, circulante e tecidular indicam uma exposição generalizada ao bisfenol a. Environ Health Perspect 118:1055-1070.

Vandenberg LN, Colborn T, Hayes TB, Heindel JJ, Jacobs DR, Jr., Lee DH, et al. 2012. Hormonas e substâncias químicas desreguladoras do sistema endócrino: Low-dose effects and nonmonotonic dose responses. Endocr Rev 33:378-455.

Varier RA, Timmers HT. 2011. Histone lysine methylation and demethylation pathways in cancer (vias de metilação e desmetilação da histona lisina no cancro). Biochim Biophys Ata 1815:75-89.

Venkatakrishnan CD, Dunsmore K, Wong H, Roy S, Sen CK, Wani A, et al. 2008. Hsp27 regula a atividade transcricional de p53 em fibroblastos tratados com doxorrubicina e células cardíacas h9c2: Regulação positiva de P21 e paragem do ciclo celular na fase g2/m. Am J Physiol Heart Circ Physiol 294:H1736-1744.

Verma RJ, Sangai NP. 2009. O efeito benéfico do extrato de chá preto e da quercetina na citotoxicidade induzida pelo bisfenol a. Ata Pol Pharm 66:4144.

Völkel W, Colnot T, Csanady GA, Filser JG, Dekant W. 2002. Metabolismo e cinética do bisfenol a em humanos em doses baixas após administração oral. Chem Res Toxicol 15:1281-1287.

Völkel W, Bittner N, Dekant W. 2005. Quantificação de bisfenol a e bisfenol a glucuronide em amostras biológicas por cromatografia líquida de alta eficiência-espetrometria de massa em tandem. Drug Metab Dispos 33:17481757.

Wagner M, Hampel B, Bernhard D, Hala M, Zwerschke W, Jansen-Durr P. 2001. Replicative senescence of human endothelial cells in vitro involves g1 arrest, polyploidization and senescence-associated apoptosis. Exp Gerontol 36:1327-1347.

Wang E, Gundersen D. 1984. Aumento da organização do citoesqueleto que acompanha o envelhecimento dos fibroblastos humanos in vitro. Exp Cell Res 154:191-202.

Wang T, Lu J, Xu M, Xu Y, Li M, Liu Y, et al. 2013. Concentração urinária de bisfenol a e função da tiroide em adultos chineses. Epidemiology 24:295302.

Warfel NA, El-Deiry WS. 2013. P21waf1 e tumorigénese: 20 anos depois. Curr Opin Oncol 25:52-58.

Welshons WV, Nagel SC, vom Saal FSV. 2006. Grandes efeitos de pequenas exposições. Iii. Mecanismos endócrinos que medeiam os efeitos do bisfenol a em níveis de exposição humana. Endocrinologia 147:S56-S69.

Weng J, Symons MN, Singh SM. 2009. Os genes responsivos ao etanol (crtam, zbtb16 e mobp) localizados na região do álcool-qtl do cromossoma 9 estão associados à preferência pelo álcool em ratos. Alcohol Clin Exp Res 33:14091416.

Weng YI, Hsu PY, Liyanarachchi S, Liu J, Deatherage DE, Huang YW, et al. 2010. Epigenetic influences of low-dose bisphenol a in primary human breast epithelial cells. Toxicol Appl Pharmacol 248:111-121.

Wens B, De Boever P, Verbeke M, Hollanders K, Schoeters G. 2013. As células mononucleares do sangue periférico humano em cultura alteram a sua expressão genética quando desafiadas com produtos químicos desreguladores endócrinos. Toxicologia 303:17-24.

Wetherill YB, Akingbemi BT, Kanno J, McLachlan JA, Nadal A, Sonnenscheing C, et al. 2007. Mecanismos moleculares in vitro da ação do bisfenol a. Reproductive Toxicology 24:178-198.

OMS. 2010. Organização Mundial de Saúde 2010. Reunião conjunta de peritos da FAO/OMS para analisar os aspectos toxicológicos e de saúde do bisfenol A. Disponível em : "http://www.who.int/foodsafety/chem/chemicals/bisphenol_release/en/inde x.html". [acedido em janeiro de 2016].

OMS. 2014. Organização Mundial da Saúde 2014. Cancro. Ficha informativa n°297. Disponível em: "http://www.who.int/mediacentre/factsheets/fs297/en/" [acedido em janeiro de 2016]

Woerdenbag HJ, Lemstra W, Malingre TM, Konings AW. 1989a. Aumento da atividade citostática da lactona sesquiterpénica eupatoriopicrina por depleção de glutatião. Br J Cancer 59:68-75.

Woerdenbag HJ, van der Linde JC, Kampinga HH, Malingre TM, Konings AW. 1989b. Indução de danos no ADN em células tumorais de ascite de Ehrlich por exposição à eupatoriopicrina. Biochem Pharmacol 38:2279-2283.

Xia Q, Zhao Y, Von Tungeln LS, Doerge DR, Lin G, Cai L, et al. 2013. Adutos de ADN derivados de alcalóides de pirrolizidina como biomarcador biológico comum da tumorigenicidade induzida por alcalóides de pirrolizidina. Chem Res Toxicol 26:1384-1396.

Xiong Y, Hannon GJ, Zhang H, Casso D, Kobayashi R, Beach D. 1993. P21 é um inibidor universal das ciclinas cinases. Nature 366:701-704.

Yaoi T, Itoh K, Nakamura K, Ogi H, Fujiwara Y, Fushiki S. 2008. Genome-wide analysis of epigenomic alterations in fetal mouse forebrain after exposure to low doses of bisphenol a. Biochemical and Biophysical Research Communications 376:563-567.

Yu CY, Su KY, Lee PL, Jhan JY, Tsao PH, Chan DC, et al. 2013. Potencial papel terapêutico da hispidulina no câncer gástrico através da indução de apoptose via sinalização nag-1. Evid Based Complement Alternat Med 2013:518301.

Yuan J, Pu MT, Zhang ZG, Lou ZK. 2009. A acetilação da histona h3-k56 é importante para a estabilidade genómica nos mamíferos. Cell Cycle 8:1747-1753.

Zhang ML, Wu M, Zhang JJ, Irwin D, Gu YC, Shi QW. 2008. Constituintes químicos de plantas do género eupatorium. Chem Biodivers 5:40-55.

Zhu H, Xiao X, Zheng J, Zheng S, Dong K, Yu Y. 2009. Efeito promotor de crescimento do bisfenol a no neuroblastoma in vitro e in vivo. J Pediatr Surg 44:672-680.

Printed by Books on Demand GmbH, Norderstedt / Germany